José de Jesús Pérez Saavedra

Microvaloraciones Potenciométricas de Orden Ambiental

José de Jesús Pérez Saavedra

Microvaloraciones Potenciométricas de Orden Ambiental

Microvaloraciones Potenciometricas en Química Analítica

PUBLICIA

Impressum / Aviso legal

Bibliografische Information der Deutschen Nationalbibliothek: Die Deutsche Nationalbibliothek verzeichnet diese Publikation in der Deutschen Nationalbibliografie; detaillierte bibliografische Daten sind im Internet über http://dnb.d-nb.de abrufbar.

Información bibliográfica de la Deutsche Nationalbibliothek: La Deutsche Nationalbibliothek clasifica esta publicación en la Deutsche Nationalbibliografie; los datos bibliográficos detallados están disponibles en internet en http://dnb.d-nb.de.

Coverbild / Imagen de portada: www.ingimage.com

Verlag / Editorial:
PUBLICIA
ist ein Imprint der / es una marca de
OmniScriptum GmbH & Co. KG
Bahnhofstraße 28, 66111 Saarbrücken, Deutschland / Alemania
Email / Correo Electrónico: info@editorial-publicia.com

Herstellung: siehe letzte Seite /
Publicado en: consulte la última página
ISBN: 978-3-639-64980-2

Zugl. / Aprobado por: Costa Rica,Instituto Tecnológico de Costa Ricaa

Elaboración de electrodos, para efectuar cuantificaciones de orden ambiental, para halogenuros, sistemas ácido-base y hierro mediante microvaloraciones potenciométricas.

José de Jesús Pérez Saavedra

ÍNDICE

LISTA DE CUADROS

LISTA DE FIGURAS

RESUMEN

En el presente estudio, se desarrolla una técnica de microanálisis potenciométrico (volúmenes por valorar de 200 microlitros) de cuantificación de compuestos químicos con propiedades redox, ácido-base o conteniendo halogenuros inorgánicos que proporciona resultados estadísticamente equivalentes a los obtenidos por técnicas potenciométricas convencionales (volúmenes por valorar de 30 mL) con el propósito de poder aplicarlas para contribuir al desarrollo sostenible. Todo esto a un bajo costo y con posibilidad de implementarse sin requerimientos tecnológicos complejos y caros.

Para desarrollar este estudio se elaboraron electrodos indicadores de oxidorreducción y de los iones plata e hidrónio. Éstos fueron fabricados con alambres de plata y platino calibre 24 (con un diseño que permite valorar volúmenes de hasta 200 microlitros). Como electrodo de referencia se utilizó un electrodo convencional de plata/cloruro de plata, que por su tamaño hizo necesaria una segunda celda unida al sistema de medida mediante un puente de agar; volúmenes de 10 microlitros se adicionaron mediante un catéter utilizado en infusoras de insulina, inmerso en la solución, dado que es imposible agregar tan pequeñas cantidades por goteo.

Habiendo probado el funcionamiento de estos sistemas para volúmenes de 200 microlitros, se escala a un mililitro, para poder utilizar esta técnica en labores docentes; para probarlo se desarrolló una práctica convencional de oxidorreducción (valoración de Fe^{II} con Ce^{IV}, en medio ácido sulfúrico), contemplada dentro del programa de estudios de un curso de Química Analítica II con un grupo de 10 estudiantes de quinto semestre de la carrera de Ingeniería Química.

Los resultados obtenidos para las microvaloraciones de 200 microlitros y un mililitro, fueron equivalentes estadísticamente hablando, a las técnicas convencionales, demostrándose que tanto la técnica como los electrodos elaborados funcionan correctamente.

ABSTRACT

In the present study, it was developed a technique of potentiometric microanalysis (so small amounts as 200 microliters were used) for chemical compounds with redox or acid/base properties or for inorganic halides. The statistically analysis proofs that microscale is similar to macroscale approach (volumes of 30 mL were used in this later approach). The use of smaller amounts of material leads naturally to a decrease in the operating cost, and the technique is applied without complex and expensive technological requirements.

Indicator electrodes for redox, hydronium ions, and silver compounds were manufactured in order to develop this study. They were made of silver and platinum wire with a gauge of 24 and a design that allows the quantification of volumes so small as 200 microliters. A conventional silver/silver chloride electrode was used as reference electrode, due to its size, it required to be placed in a second cell attached to the system been measured by an agar bridge

Once the operation of these systems was tested with volumes of 200 microliters, systems with one milliliter were used to teach this technique. A conventional practice was developed for redox titration (reaction of Fe II with Ce IV in sulfuric acid medium) with a group of 10 students of the fifth semester of the Chemical Engineering program.

The results obtained for the microtitrations of 200 microliter and one milliliter systems, were statistically equivalent to the conventional techniques, showing that both, the technique and the electrodes are working properly.

2. INTRODUCCIÓN

El homo sapiens, es la criatura que se ha comportado de la manera más irracional con su hábitat, contradiciendo nuestra autodefinición de seres pensantes. Infortunadamente el destino nos está alcanzando y las agresiones que hemos realizado en contra de nuestro planeta se nos están revirtiendo, no es necesario describirlas, en cualquier noticiero de cualquier día y casi de cualquier país encontramos notas sobre, sequías, inundaciones, huracanes, tornados etc, tsunamis que arrasan poblaciones enteras. Independientemente del lugar en el planeta que se cause el daño los hechos negativos nos afectan a todos y consecuentemente, todos debemos dar solución a los daños ya causados y evitar provocar otros.

Dentro de la especialidad de la Química Analítica (cuyo objetivo concreto es cuantificar prácticamente de todo, utilizando una amplia gama de reacciones químicas o comportamientos físicos de sustancias), hay diversas acciones a efectuar y medidas que tomar para contribuir a la disminución de efectos nocivos para los seres vivos y el planeta, entre ellas evitar arrojar contaminantes químicos al ambiente, producto de las reacciones de cuantificación que se realizan en los laboratorios, por ello, el reto por alcanzar es realizar los mismos análisis, pero generando el mínimo de desechos. En consecuencia, con respecto a lo antes mencionado, en el presente trabajo se llevo a cabo la construcción de electrodos de plata y platino para realizar microvaloraciones, ácido-base, de oxidorreducción y de halogenuros, sin perder información además de minimizar la producción de residuos químicos (principio de química verde 1 anexo 8), el método para alcanzar el objetivo planteado es sencillo, se diseñan microelectrodos [25][26], que funcionan igual que los macroelectrodos comerciales, pero que tienen diversas ventajas como son:

a. Se elaboran en el mismo laboratorio

b. Son de alta resistencia

c. Son de bajo costo

d. Su pequeño tamaño permite realizar valoraciones de hasta 200 μL con un volumen de hasta 300 μL (0.5 mL por valoración, obteniendo una apreciable disminución de contaminantes).

Al respecto, de esto último, es importante resaltar que en los métodos tradicionales se utilizan 30 mL por valoración, por lo que en 100 valoraciones se gastan 3 litros de reactivo, 30 veces más que el método propuesto.

La presente investigación, consta de varias etapas, sencillas pero generando productos totalmente originales y aplicables en cualquier parte del mundo, las etapas metodológicas son:

1. Elaboración de los electrodos de plata y platino,
2. Tratamiento de los electrodos y
3. Utilización de los electrodos en microvaloraciones.

La etapa de elaboración de la instrumentación para las valoraciones es fundamental, por los pequeños volúmenes por valorar. Para el desarrollo del trabajo experimental se requiere prácticamente un equipamiento mínimo indispensable para un laboratorio de análisis químico. Hay algunos materiales que si requieren ser comprados como son buretas de 5 mL, micropipetas, alambre de plata y platino los que en total no rebasan la suma de 700 dólares, costo de inversión que materialmente se recupera en un tiempo breve con el ahorro que se genera al utilizar cantidades mínimas de reactivos para las valoraciones y el volumen de agua destilada y potable que se ahorra, considerándose además que se evita el liberar contaminantes químicos al ambiente lo que curiosamente no se toma en cuenta, porque se tiene la percepción de que contaminar el ambiente no implica gastos económicos es decir, que en costos financieros no se tiene ninguna ganancia aparente, por dejar de contaminar.

La aplicación de esta técnica en el ámbito industrial permitiría ahorrar no solo costos, en reactivos, sino grandes cantidades de agua destilada y potable que se utilizan para preparar los reactivos, así como el tiempo y dinero que se gasta en realizar análisis de control de emisiones; por otro lado aplicado en el ámbito docente, además de los ahorros mencionados, permite inculcar en el estudiante una filosofía de ahorro y una conciencia del impacto que provoca el uso de grandes cantidades de reactivos liberados al ambiente.

3. PLANTEAMIENTO DEL PROBLEMA

3.1. ¿Qué se pretende investigar?

Son las instituciones de educación superior los lugares donde se deben generar los desarrollos tecnológicos que un país necesita para superar los problemas ambientales que actualmente se padecen en todo el mundo, los docentes e investigadores son las personas mejor preparadas para enfrentar estos retos y quienes tienen el compromiso de producir instrumentos y aditamentos que permitan tener alternativas económicamente viables para cuantificar y controlar la generación de residuos contaminantes. Esta forma de pensar debe de normar los métodos científicos de medición en química. La potenciometría es uno de estos métodos, y se le puede dar una gran diversidad de aplicaciones si creamos nuevos sensores de medida, ello nos puede permitir crear mejores métodos de medición (innovaciones) que sean acercamientos viables para el logro del desarrollo sostenible.

3.2. ¿Porqué es fundamental la medición en la sostenibilidad?

La respuesta se puede inferir con una gran variedad de ejemplos entre los que se pueden mencionar:

a. Los niveles de contaminación (por materia orgánica, metales pesados, microorganismos etc.) en cuerpos de agua como son, presas, ríos, lagunas, lagos y mares, se determinan mediante cuantificaciones analíticas, lo cual es indispensable, tanto para evaluar daños, como para prevenir perjuicios y deterioros aún mayores.

b. Contaminación de frutas y verduras por pesticidas (cuando se ingiere una manzana con todo y cáscara, porque así lo recomienda el nutricionista, ¿se sabe cuánto pesticida estamos ingiriendo? y si se come al menos una manzana entera al día, en un mes ¿se conoce el total de pesticida que se ingiere?), estos niveles se requieren determinar analíticamente, para prevenir diversos tipos y grados de daño, que pueden llegar a acusar al humano debido a su ingesta.

c. Los niveles de contaminantes por metales pesados, antibióticos y anabólicos en alimentos (pescados, mariscos, carne de ave, de ganado, leche etc.) se deben cuantificar, por los graves daños que pueden ocasionar a los consumidores (clembuterol en hígado de reses, hormonas en pollo, antibióticos en carne de res y leche por ejemplo)

d. La contaminación del aire que se respira debe ser cuantificada, ya que un porcentaje muy elevado de las comodidades de nuestra vida moderna se sustenta en el consumo de energía fósil (carbón o petróleo, por ejemplo) sustancias que al quemarse, son generadores de dióxido de carbono, entre otros varios compuestos que al final del proceso, respiramos.

3.3. ¿De qué sirve medir lo anterior y qué tiene que ver con la sostenibilidad?

Tomemos el primer ejemplo, si una presa es utilizada para proporcionar el agua potable a una población, entre otras cosas, y no se determina el nivel de contaminantes de esta agua con exactitud y precisión (por ejemplo, arsénico) se corre el peligro de matar a poblaciones enteras. Si existe un seguimiento en las mediciones, y el agua queda fuera de la norma oficial del país correspondiente, en primera instancia, se evita su distribución para consumo humano y enseguida se investiga la fuente de este contaminante para eliminarlo y obtener agua libre de contaminantes. Adentrándonos más en este mismo ejemplo, las descargas de agua que alimentan la presa pueden ser evaluadas respecto a este elemento e impedir que el agua contaminada, se distribuya entre el total del agua de la presa, así como estructurar una técnica para eliminar el contaminante desde la fuente

original con lo cual se puede impedir que se contamine el total del agua de la presa. Esto puede impedir que esa agua cause daño o se desperdicie.
Como este ejemplo, se pueden dar muchos otros, donde se ve la relevancia que tiene el medir., en la conservación de los ecosistemas, pues con el paso de los años, el ecosistema puede regenerarse, pero probablemente la permanencia del hombre en La Tierra no. De todas las consideraciones, se desprende la pregunta guiadora de esta investigación:

3.4. ¿Cómo instrumentar sistemas de medida, que sean exactos, precisos y confiables, para cada uno de nuestros ecosistemas en cada uno de nuestros países, teniendo en mente la escasez de recursos que priva en cada uno de ellos?

Planteamiento.

En el presente trabajo se propone como sistema de medida la potenciometría y se asume el reto de escalar la calidad de innovaciones potenciométricas, considerando como innovación la creación de nuevos sensores de medida, para sustituir todos los que actualmente se encuentran en el mercado y que en general se importan, a un alto costo en países en vías al desarrollo.

En la potenciometría estándar el montaje es relativamente sencillo, consistente en un potenciómetro de alta impedancia, un electrodo de referencia de plata/cloruro de plata y electrodos indicadores de platino, para mediciones de oxidorreducción, de plata para la cuantificación de halogenuros, de vidrio para la medición de pH y selectivos de iones para la cuantificación de metales.

Se propone como método de medida la potenciometría porque tiene las siguientes ventajas:

a. La instrumentación es mucho más económica (alrededor de 800 dólares) que por ejemplo la de absorción atómica, la espectrofotometría, la cromatografía de gases o líquidos etc. (cuyos costos de equipo están entre 40,000 y 120,000 dólares y requieren de instalaciones e insumos especiales)
En la cuadro XXI del anexo 9 se muestra un comparativo entre límite de detección e incertidumbre para cada método*

b. La instrumentación es apropiada para efectuar estudios de campo y aún en comunidades rurales, ya que es común encontrar en el mercado potenciómetros portátiles, lo que garantiza que la técnica propuesta, sea extensiva

c. Las respuestas del potenciómetro a la medición son rápidas y fácilmente visualizables.

d. Por esta técnica se puede cuantificar una gama muy amplia de sistemas químicos (valoraciones directas de pH y potencial, cuantificación de sistemas ácido-base en agua y en medio no acuoso, cuantificación de sistemas de oxidorreducción en agua y en sistemas no acuosos, valoración de halogenuros y todo tipo de sustancias que reaccionan con el ión plata, determinaciones complejométricas y gran número de cationes y aniones mediante electrodos selectivos de iones e inclusive determinación indirecta de gases así como seguimiento de cinéticas etc.)

e. Las medidas potenciométricas pueden llevarse a cabo en el ámbito de microescala, (27), (28), es decir, las muestras por evaluar pueden ser de 0.2 mL o incluso de volúmenes menores, minimizando así los costos de los análisis, a la vez que se disminuye el riesgo del manejo de reactivos peligrosos y se minimiza la generación de residuos.

f. El manejo de la instrumentación es relativamente sencilla.

g. Hay una amplia variedad de técnicas potenciométricas que han sido poco desarrolladas (electrodos selectivos de iones, ultramicroescala, electrodos alternativos de estado sólido, posible sustitución del potenciómetro por multímetro etc.) que constituyen un campo fértil para la investigación y desarrollo de sensores a un bajo costo, con materiales accesibles y con mínimos requerimientos de instrumentación.

3.5. ¿Cuál es el impacto de la innovación desarrollada en investigación, industria y sociedad?

Las innovaciones tecnológicas van alcanzando su plenitud en la medida que son instrumentos útiles para el desarrollo y bienestar social. En el caso de la elaboración de electrodos para realizar microvaloraciones potenciometricas, se tienen diversos niveles de utilidad en investigación, en la industria y en la sociedad, por ejemplo:

En investigación. La técnica mostrada en esta tesis, presenta una manera de realizar investigación de frontera, con recursos limitados, rompiendo el paradigma de este tipo de trabajo, requiere de grandes recursos. El trabajo y los productos de la investigación adquieren sentido, cuando la instrumentación metodológica desarrollada y probada es utilizada en el ámbito docente dónde a sus principios pueden ser comprobados por estudiantes, que siendo los futuros profesionales del área de química, en nuestro país, si quedan convencidos, serán los divulgadores en sus centros de trabajo, de las innovaciones propuestas, aspecto que se puede lograr, por ser estas tecnologías mas baratas, mas limpias y que guardan los mismos niveles de precisión y exactitud que las técnicas convencionales. El lograr trabajar con limpieza (generando un mínimo de contaminantes) beneficia al medio social, ya que, al disminuirse el consumo de reactivos, no se generan las grandes cantidades de residuos de las técnicas convencionales.

4. OBJETIVO GENERAL

Elaborar electrodos que sean exactos, precisos y confiables, para realizar mediciones potenciométricas, utilizando materiales nacionales accesibles y económicos que permitan realizar microanálisis de sustancias químicas de elevado impacto ambiental para prevenir de contaminación del medio y coadyuvar al fortalecimiento del desarrollo social.

5. OBJETIVOS ESPECÍFICOS

I. Proponer, la elaboración innovadora de electrodos utilizables en técnicas potenciometrícas que permitan sustituir los electrodos comerciales para su empleo en determinaciones de pH, oxido-reducción y de halogenuros.

II. Comprobar experimentalmente que los electrodos utilizados en el montaje convencional de técnicas potenciométricas pueden ser sustituidos completamente con materiales de bajo costo y fabricados con una tecnología sencilla, para realizar cuantificaciones confiables similares a las realizadas por las técnicas tradicionales que resultan más costosas.

III. Aplicar innovaciones potenciométricas en microvaloraciones de cuantificaciones usuales en química analítica, como una forma de contribuir a la generación de una ciencia constructora del desarrollo.

IV. Demostrar que con la alternativa potenciométrica que se propone, se puede llevar a cabo investigación de frontera con un mínimo de recursos al utilizar electrodos elaborados y diseñados a un bajo costo y con requerimientos sencillos de laboratorio.

6. HIPÓTESIS

Científica y metodológicamente es posible generar un sistema de medición potenciométrica de precisión y bajo costo, que permita replantear metodologías clásicas de cuantificación analíticas, por métodos alternativos que den plenitud, a la sostenibilidad de recursos en esta área de medición.

7. PERSPECTIVA TEÓRICA

Las innovaciones potenciométricas, como toda área científica, se encuentran en evolución constate, y más en esta época de grandes cambios y profunda evolución tecnológica. Una revisión de la literatura actual nos muestra como científicos de diversos países se encuentran desarrollando electrodos selectivos de iones para cuantificar metales y metaloides, tales como:

Mercurio (1), mediante la elaboración de una membrana selectiva a Hg^{II} basada en una mezcla de tribromomercurato-rodamina B. El electrodo elaborado mostró una respuesta, lineal, reproducible y estable, con una pendiente super-nernstiana de 69.5 ± 0.5 mV, en un intervalo de concentraciones de 10^{-5} a 10^{-2} M, con un límite de detección de 2.4 $*10^{-6}$ M de mercurio. La membrana mostró una respuesta rápida de entre 10 a 20 segundos y en un intervalo de pH de 1.5 a 7.5.

Arsénico (12), el electrodo elaborado esta compuesto de una mezcla de Fe(OOH)-Si-grafito, aglutinado con resina epóxica. Su intervalo de trabajo es de 10^{-5} a 10^{-1} M, utilizando como electrodo de referencia un electrodo comercial de plata/cloruro de plata, con un límite de detección de 4 * 10^{-6} M. Este electrodo de utilizó para determinar niveles de As(V) en sedimentos del distribuidor de agua potable en Zimapan (México).

Plomo (37), basados en la técnica de magneto-voltametría se determina Pb^{2+} en película de bismuto. Se añade una alta concentración de Fe^{3+} para provocar la generación de una elevada corriente catódica, durante la preconcentración. El método permite cuantificar en un intervalo de concentraciones de 10^{-8} a 10^{-6} M. El límite de detección es de 10^{-10} M Este método se aplica para determinar Pb^{2+} en muestras reales de agua.

Aluminio [35], se fabricó un sensor selectivo a Al^{3+} a partir de una membrana de (PVC) poly(vinyl chloride), conteniendo morin como ionóforo. La membrana elaborada trabajo adecuadamente en un intervalo de $5.0 * 10^{-7}$ a $1.0 * 10^{-1}$ M de Al^{3+} con una pendiente Nernstiana de 19.7 ± 0.1 mV y un límite de detección de $3.2 * 10^{-7}$ M. El tiempo de respuesta fue de 5 segundos. La membrana puede ser utilizada adecuadamente por un periodo de hasta dos meses. El sensor trabaja en un intervalo de pH de 3.5 a 5.0. El sensor fue utilizado en la titulación potenciométrica de Al^{3+} con EDTA y para la determinación de lodos de electrodepósitos de zinc.

Arseniato [22], en este estudio se desarrolló un electrodo de pasta de carbón con base en zeolita natural modificada con el ión Fe^{2+} como acarreador. El electrodo muestra una respuesta lineal hacía el monoácido de arseniato en un amplio intervalo de concentraciones ($5 * 10^{-8}$ a $1 * 10^{-3}$ M) con una pendiente nenstiana de 28.3 con una correlación de 0.9998, el límite de detección fue de $3 * 10^{-8}$ M con una respuesta rápida de 5 a 10 segundos y puede ser utilizado por un periodo de hasta 2 meses. El coeficiente de selctividad indica una discriminación apropiada del monoácido de arseniato, con otros iones y puede ser utilizado en un intervalo de pH entre 7.0 y 10. Este electrodo elaborado fue utilizado para la determinación de arsénico en agua y en muestras de aguas residuales.

Cobre [5], se estudian electrodepósitos de cobre en disoluciones producidas por refinación y en matrices preparadas en el laboratorio mediante métodos cronoamperométricos, utilizando ultramicroelectrodos de oro. En ambas soluciones las velocidades de nucleación se incrementan con el valor absoluto del potencial y temperatura, los valores de los coeficientes de difusión obtenidos en los productos de refinación y en las matrices preparadas en el laboratorio no presentan grandes diferencias.

Plomo y cadmio [8], en este trabajo, se describe un electrodo de aro de plata como sensor de mercurio libre en voltametria de barrido anódico. El sensor fue utilizado para la determinación de concentraciones nanomolares de Pb^{2+} y Cd^{2+} en muestras de agua sin remover oxigeno ni surfactantes. Los límites de detección fueron de 0.5 nanoM para Pb^{2+} y 2 nanoM para Cd^{2+} en un tiempo de 60 segundos de electrodeposito. La técnica se aplicó para análisis de Pb^{2+} y Cd^{2+} en agua potable y agua de río con elevado contenido de contaminantes orgánicos.

Manuscritos antiguos fueron tratados sumergiéndolos en agua para disolver el exceso de compuestos de hierro [10], que se conoce, están relacionados con la degradación de dichos manuscritos. En este estudio, se midieron los potenciales redox para dar seguimiento a la disolución de las tintas (iron gall inks) de los manuscritos originales degradados. Debido a la complejidad del sistema, se utilizó la potenciometría para entender la interacción entre los componentes principales de la tinta (sulfatos de Fe^{III} / Fe^{II}, ácido galico y goma arábiga). Todos los componentes fueron electroquímicamente activos pero el potencial redox fue impuesto por el par Fe^{III} / Fe^{II}, y pudo ser demostrado que una molécula de ácido galico, puede reducir, fácilmente, en las condiciones experimentales a cuatro cationes de Fe^{III}.

Peróxido de hidrógeno [18], en este artículo se propone utilizar electrodepositos de azul de prusia en nanotubos de carbón con nanopartículas de platino para detectar H_2O_2. La sensibilidad para detectar H_2O_2 fue dependiente de la cantidad de azul de prusia en el sistema
Se estudio el efecto de la fuerza iónica en la adsorción de alaclor, trifluralina, y prometrina [14] sobre la resina polimérica Amberlite XAD-4. El experimento de absorción se llevo a cabo en un intervalo de pH de 3 a 6.5 y fuerza iónica 0.01–2M a 20 °C Incrementando la fuerza iónica la adsorción de herbicidas se incrementa significativamente. La adición de electrolitos afecta la efectividad y eficiencia de la absorción, llegando hasta la saturación de la resina. La alteración de los

mecanismos de adsorción debido a la fuerza iónica esta basada principalmente, en la reducción de las fuerzas repulsivas de la interfase resina-herbicida y entre las moléculas de herbicida adsorbido ya que resina y herbicida tienen anillos polares como parte de su estructura.

La evaluación de pesticidas en el medio ambiente es una actividad necesaria para prevenir daños neurológicos a las personas que se encuentren en contacto con ellos, existen técnicas como son la cromatografía de líquidos o la espectroscopia de masas, pero son técnicas caras, laboriosas, que requieren de una gran cantidad de disolventes orgánicos y personal calificado. Los sensores electroanalíticos son una alternativa de bajo costo, de fácil fabricación, compactos y que pueden ser utilizados en campo para las cuantificaciones. El fenitrotion [(20)], es un pesticida organofosforado que muestra un comportamiento redox adecuado sobre la superficie de un electrodo de carbón vitrificado, con composite de TiO_2/nafion que le permite ser cuantificado.

En este artículo [(11)] se desarrolla una nueva aplicación de un biosensor amperométrico de peroxidasa, para evaluar la exposición de los peces a las descargas de petróleo en particular a los alquilfenoles, utilizando muestras de la bilis de los peces. El biosensor consiste de un electrodo acoplado con peroxidasa inmovilizado con gluteraldehido. El sensor se optimizó teniendo cuidado con factores tales como el procedimiento de inmovilización, selectividad del sustrato y efectos de la matriz. El biosensor fue utilizado para análisis de muestras de bilis de peces, expuestos en el laboratorio durante un periodo de dos semanas a diferentes cantidades de petróleo. El biosensor pudo distinguir entre las muestras de bilis de los peces expuestos a altas concentraciones y concentraciones moderadas de alquilfenoles y grupos control.

El perclorato[(2)], que es un anión de basicidad muy débil se determina también mediante un sensor selectivo en base a un receptor diamida, el sensor elaborado tiene buen desempeño en concentraciones de 1.8 $*10^{-5}$ hasta 10^{-1} M con un comportamiento nernstiano (52.0 mV por década de actividad) entre pH de 4.0 y 10.0, con un tiempo de respuesta de 12 segundos, el electrodo es selectivo para cloratos en presencia de iones interferentes, el sensor elaborado tiene una vida media de 2 meses.

Por otro lado se fabrica y caracteriza electroquímicamente un electrodo "nano-gold modified glassy carbon", que es usado para la determinación de nitritos en agua de lluvia, (útil para determinar la acidez de la lluvia) encontrando su uso simple, rápido y exacto [(38)]

De igual forma se efectúan estudios [(31)] para elaborar un receptor molecular de calix[2]piridin[2]pirrol (CCP) (electrodo selectivo de iones en base a PVC) y mediante medidas potenciométricas de pH determinar la existencia de formas mono y diprotonadas del receptor con valores de pKa_1 de 8.5–8.9 y pKa_2 3.3–3.8. Este electrodo interacciona con analitos aniónicos. Estudios sobre la selectividad potenciometrica muestran que el (CCP) presenta mas afinidad por aniones como el lactato, acetato y benzoato que sobre floruro o cloruro. En este estudio también se demostraron las ventajas de utilizar membranas de PVC, optimizadas, basadas en CCP en las determinaciones de acido acetilsalicílico sobre las membranas tradicionales de PVC de electrodos selectivos de iones intercambiadoras de cationes.

La potenciometría y cromatografía de líquidos[(13)] muestran resultados similares para la determinación de pKas en mezclas binarias de metanol-agua, la determinación de estas constantes es muy importante para las diversas técnicas de separación (cromatografía de líquidos y electroforesis capilar). En este trabajo se determinaron los valores de pKa de 11 ácidos polifenolicos en mezclas binarias de metanol-agua (10%, 20% y 30% (v/v)) .

Mediante la titulación potenciométrica en medio ácido acético con ácido perclórico se determinaron las constantes de protonación de amino nitrógenos de algunos 1,2,4,5-oxadiazaboroles sustituidos [36]. Los valores de pKa de los compuestos titulados fueron interpretados en base a los efectos estructurales, debido a los sustituyentes y la estructura principal, graficando los valores de pK_{BH} contra las constantes de Hammett. Se encontró una buena correlación entre pK_{BH} , constantes y los valores de CN y NH.

Otros investigadores realizan trabajos, de titulaciones potenciométricas, y de absorción de metales tales como Cd, Ca, Cu, Pb, Sr, y Zn utilizando consorcios bacterianos, crecidos en tres diferentes lugares y muestreados en el transcurso de un año [16] para determinar si la diversidad bacteriana afecta el pH y la remoción de metales observaron cambios significativos en la diversidad bacteriana de un sitio a otro y de un mes a otro. Independientemente de estos cambios en la diversidad todos los consorcios bacterianos estudiados observaron un comportamiento similar. Demostraron que un modelo de complejacion simple promedio puede ser utilizado para cuantificar el comportamiento para modificar el pH y concentración de metales por cada consorcio.

Un sensor potenciométrico [17] de referencia interna de oxigeno se elabora colocando una mezcla de metal/ óxido de metal dentro de una superestructura cerámica ytrio-zirconia estabilizada, conductora de oxígeno. Se examinan tres sistemas metal/óxido de metal basados en Pd, Ni y Ru. Una referencia interna de oxigeno comprimido se produce dentro de la cámara de referencia a la temperatura de trabajo. El sensor Pd/PdO es capaz de funcionar durante largos periodos. La temperatura límite de trabajo es de 800 °C. Este sensor obtenido puede miniaturizarse.

Otra técnica potenciométrica muy sensible[19],para la detección de gases utilizando cambios de adsorción inducidos es demostrada. Esta técnica se aplica para detectar hidrógeno y trabaja en función de una delgada película de platino. Utilizando esta técnica se puede cuantificar hasta 8 ppm de hidrógeno.

Se desarrolla un método [4], para la determinación de amoxicilina en productos farmacéuticos utilizando Análisis de Inyección de Flujo con detector de UV ajustado a 228 nm y se compara con el método potenciometrico y conductimétrico respectivamente. Los métodos propuestos fuero aplicados a tabletas, encontrándose que son simples, rápidos, exactos y precisos

El citrato de sildenafilo (Viagra), es materia de investigación por potenciometría o electrodos selectivos de iones[30], la interacción del citrato de sildenafilo con el DNA se estudio, utilizando un biosensor electroquímico para DNA. El mecanismo de enlace del citrato de sildenafilo se aclaró utilizando una corriente potenciométrica constante y una voltametría de pulso diferencial sobre un electrodo de carbón vitrificado DNA-modificado. El estudio presentado puede ayudar a entender la actividad anticancerigena del citrato de sildenafilo a nivel de DNA celular.

Algunos investigadores elaboran sensores potenciométricos de glucosa en base a una mezcla óxido de estaño / oxido de estaño-indio y un mediador enzimático, por medio del cual la señal obtenida es asociada con el pH del medio de medida [21]. En este estudio, un mediador electrónico y un proceso simple de inmovilización se utilizan para fabricar un biosensor potenciometrico de glucosa. La enzima y el mediador electrónico son inmovilizados sobre la superficie de óxido de estaño / oxido de estaño-indio vítreo, utilizando un método de enlace covalente para obtener el biosensor potenciometrico para glucosa. El valor de pH óptimo para la medida resulta ser de 7.5.

También determinan la glucosa utilizando un electrodo basado en la utilización de nanocinturones de cobre [34], Utilizando como soporte electrodos de carbón se realizo un electrodeposito de un nanocinturon de cobre con una longitud de 20 y 50 nm. El electrodo elaborado demostró una elevada sensibilidad de 78.8 microamperios/milimol y un límite de detección de microomoles, utilizando amperometría.

Electroanálisis de dopamina [32] fue desarrollado, basado en un material orgánico polimérico conductor acoplado a un material redox inorgánico (azul de prusia y poly(3,4-etylenedioxytiofeno) que fue preparado por un método electroquímico dentro de un microelectrodo de disco de oro. Las formas solubles e insolubles de azul de prusia se prepararon *in situ*, dentro de la matriz orgánica y su comportamiento electroquímico fue investigado. El composite del sistema orgánico-inorgánico conteniendo la forma soluble de azul de prusia presentó una buena respuesta electroquímica hacia la oxidación de dopamina, en solución acuosa amortiguada. La concentración de dopamina fue determinada por voltametría cíclica en presencia de un exceso de ácido ascórbico. Se obtuvo una respuesta lineal en un intervalo de concentraciones de dopamina de 10 a 50 micromoles, en presencia de 1 milimol de ácido ascórbico, con una sensibilidad de 460 microampers/micromol y un límite de detección de 4.3 micromol.
Se desarrolla un biosensor para cuantificar ureasa, [40], inmovilizando ureasa dentro de una película de TIO_2 y monitoreando la respuesta potenciométrica provocada por
El sistema urea/ureasa inmovilizada. Los resultados obtenidos con este biosensor, mostraron una respuesta rápida (25 segundos), una respuesta lineal amplia (de 8 micromoles a 3 milimoles), un bajo límite de detección (5 micromoles), una buena estabilidad (después de un mes se obtuvo hasta 93.3 % de la respuesta original). Análisis clínicos confirmaron la posibilidad de utilizar esta biosensor para la detección de urea en muestras de orina.

Hay grupos de investigación que utilizan los métodos potenciométricos para la determinación de la cantidad de acidez en lluvia [9] en Recôncavo de Bahía Brasil localizado entre 12°33′ y 13°10′S y 38°00′ y 39°00′W) , existen descargas significativas de SO_2 y NO_X debido a las actividades industriales y urbanas. Las masas de aire del Océano Atlántico enriquecidas con agua atomizada neutraliza parte de la lluvia ácida. La cantidad de neutrlización fue cuantificada en cuatro sitios de la región. Las muestras de lluvia fueron obtenidas diariamente, al mismo tiempo, acumulando la precipitación de 24 horas. Mediante el estudio potenciométrico y por fotometría de flama la cantidad de lluvia ácida en Recôncavo neutralizada por el agua atomizada se encontró, promediando, dentro del intervalo de 5 al 18 %

Hoy en día aún se están haciendo estudios para estructurar la razón matemática mediante la cual la ley de Nernst justifica las medidas potenciométricas [(7)] En este artículo se hace una descripción de la respuesta potenciométrica debida a membranas de los electrodos selectivos de iones. Se da en función de un equilibrio de intercambio iónico, considerando una muestra de la interfase de una membrana, el artículo incluye información sobre avances previos mostrados en esta área.

Mientras que otros autores determinan las constantes de estabilidad de ytrio y fluoruro utilizando métodos potenciométricos en soluciones de nitrato de sodio y cloruro de sodio y analizan la influencia de la fuerza iónica sobre las constantes [(39)]. Los patrones de las constantes de estabilidad son muy similares a los obtenidos en soluciones de perclorato de sodio.

Por último y sólo por el momento, otros investigadores estudian mediante electrodos de nanotubos de carbono vítreos modificados y dispersados en quitosano, las interacciones del DNA con el azul de metileno [(6)]. La señal analítica es debida a la corriente de reducción del azul de metileno asociado con el DNA detectada por el electrodo elaborado con quitosano y nanotubos de carbón vítreo modificado. También se analizó el efecto de la fuerza iónica, concluyéndose que concentraciones elevadas de NaCl (90 mM) beneficia el proceso de medida. Bajo estas condiciones, se obtuvo una respuesta lineal entre la intensidad de corriente y la concentración de azul de metileno. En conclusión adecuando las condiciones del electrodo elaborado se obtienen respuestas que posibilitan la evaluación de la toxicidad de moléculas sintéticas.

Con esta breve revisión del quehacer científico actual, se puede percibir que las innovaciones potenciométricas son tema de investigación de actualidad, para diversos grupos de investigadores, y en diversas partes del mundo; así como la alta versatilidad en cuanto a analitos y matrices de las técnicas potenciométricas, y que tienen en común el que sus proyectos son caros y sofisticados.

En contraste, el presente proyecto de investigación de "Elaboración de electrodos para cuantificar halogenuros, sistemas ácido-base y hierro mediante microvaloraciones potenciométricas", es un proyecto viable, de "estado de arte" que aporta un sistema de medida de precisión desarrollable, a muy bajo costo y con resultados obtenibles en corto tiempo; pero con la calidad suficiente como para aportar a la ciencia, buenas y nuevas alternativas para el desarrollo de la potenciometría y sus aplicaciones enfocadas al mejoramiento del ambiente, y por lo tanto, al bienestar de las personas.

8. METODOLOGÍA

8.1 Elaboración de electrodos para monitorear microvaloraciones (volúmenes de 1 mL o menos)

a. Electrodos para microvaloraciones redox.

Como electrodo indicador se usó un alambre de platino calibre 0.075 mm y 5 cm. de largo. Este electrodo se utiliza ya que es un buen conductor de corriente eléctrica y tiene un elevado valor de potencial normal (E^o = 1.2 Volts), lo que le permite detectar valores de potencial elevados (muy común en las reacciones redox), permaneciendo inerte. (En la figura XXIII se muestra un esquema de la elaboración de los electrodos)

b. Electrodo para microvaloraciones de halogenuros.

Como electrodo indicador se usó un alambre de plata calibre 0.075 mm y 5 cm. de largo con el cual, en presencia de un precipitado de halogenuro de plata, se puede plantear el siguiente equilibrio:

$$Ag\,X\,(s) + e^- \rightleftharpoons Ag^\circ\,(s) + X^-$$

Donde X^- = Cl^-, I^-, Br^-, CrO_4^{2-}

De acuerdo a la Ley de Nernst:

$$E = E^o + 0.06\ \log\ [1/(X^-)] = E^o - 0.06\ pX$$

Con lo que el potencial del electrodo de plata, responde al pX.

c. Electrodo para microvaloraciones ácido-base

Como electrodo indicador se usó un alambre de platino calibre 24, de acuerdo a las siguientes condiciones:

Considerando la presencia del par electroquímico Fe_2O_3 (oxidante) y FeO (reductor), en presencia de un conductor inerte (platino, generalmente) se puede plantear el siguiente equilibrio:

$$2H^{+} + Fe_2O_3 + 2e^{-} \rightleftarrows 2\,FeO + H_2O$$

De acuerdo a la Ley de Nernst:

$E = E^{o} + [0.06 / 2] \log [H^{+}]^2$

O bien:

$E = E^{o} - (0.06)\,pH.$

Graficando, esta ecuación $[E = f(pH)]$:

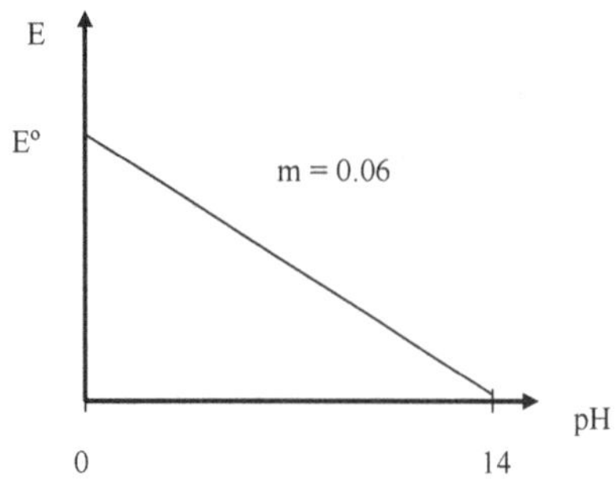

En esta gráfica se puede observar que existe una relación lineal del potencial de equilibrio (E) en función del pH; de tal manera que si se logra colocar el par electroquímico Fe_2O_3 / FeO sobre el platino, este metal puede medir pH, en el intervalo de pH de 0 a 14. Esto se logra al hacer reaccionar Fe^{2+} (reductor) con la mitad equivalente de $Cr_2O_7^{2-}$ (oxidante), en presencia del platino, al término de la reacción queda en disolución una mezcla de Fe^{2+}, Fe^{3+} además de Cr^{3+} y $Cr_2O_7^{2-}$; como la reacción redox se lleva a cabo en los alrededores del platino, éste queda incrustado con el par Fe^{2+} y Fe^{3+} y al secar el electrodo de platino al medio ambiente, se forma el par Fe_2O_3 y Fe O de manera estable.

8.2 Microvaloraciones Redox.

Los reactivos utilizados fueron grado analítico, estandarizados de acuerdo a la literatura. [24]. Como electrodo indicador se usó un alambre de platino calibre 0.075

mm y 5 cm. de longitud, como electrodo de referencia un electrodo de calomel marca Corning y un potenciómetro marca Oakton modelo pH 110 Series. Se tomaron, con una micropipeta marca Trannsferpette, treinta alícuotas de 0.2 mL y treinta alícuotas con una pipeta volumétrica de 5 mL de sulfato ferroso amoniacal, preparado en H_2SO_4 al 5 %*, se titularon con dicromato de potasio, que fue utilizado como estándar primario (agregando 0.4903g de sal pura de dicromato de potasio, en 100 mL de agua destilada para obtener una concentración de 0.1N [24]).

El esquema del equipo experimental utilizado se presenta en la Figura 1, el aforo de la bureta (bureta con capacidad de 5 mL clase A con una graduación mínima de 0.01 mL y una tolerancia de ± 0.01 mL) no se hizo de la manera convencional, sino que se conectó la bureta a un catéter para inyección de insulina, Accu-Chek, Ultraflex, Infunsion Set, 60 cm. ref. 04631374001 Roche, y haciendo el aforo hasta la punta de salida del catéter que se sumerge dentro del seno de la disolución. (En experimento previo se comprobó que no existiera difusión de la disolución. valorante a través del catéter, ver Anexo 1). (Para mayor exactitud se puede utilizar como bureta una Eppendorf Multipette® plus con combitips de 100 μL con una graduación mínima de 1μL y una tolerancia de ± 0.032) Para las valoraciones de volúmenes de 5 mL, se utilizó una bureta de 10 mL clase A, con una graduación mínima de 0.1 mL y una tolerancia de ± 0.01 mL [15], las valoraciones se realizaron de manera convencional.

*Los residuos de H_2SO_4 al 5 % colectados, se diluyen con agua de la llave con relación de 1:100 una vez diluido, se neutralizan con NaOH al 10% en peso, hasta alcanzar un pH entre 5 y 7. Con lo cual se está en punto de neutralidad, que permite verterlos en la alcantarilla [41]

FIGURA I

1. Catéter conectado a la bureta
2. Electrodo de platino o plata
3. Electrodo de referencia
4. Puente salino agar – agar
5. Tubo de 4 x 1cm.
6. Solución de nitrato de potasio
7. Bureta de vidrio de 5 mL
8. Potenciómetro Oakton
9. Agitador magnético
10. Barra magnética de 5 x 2mm
11. Solución por valorar

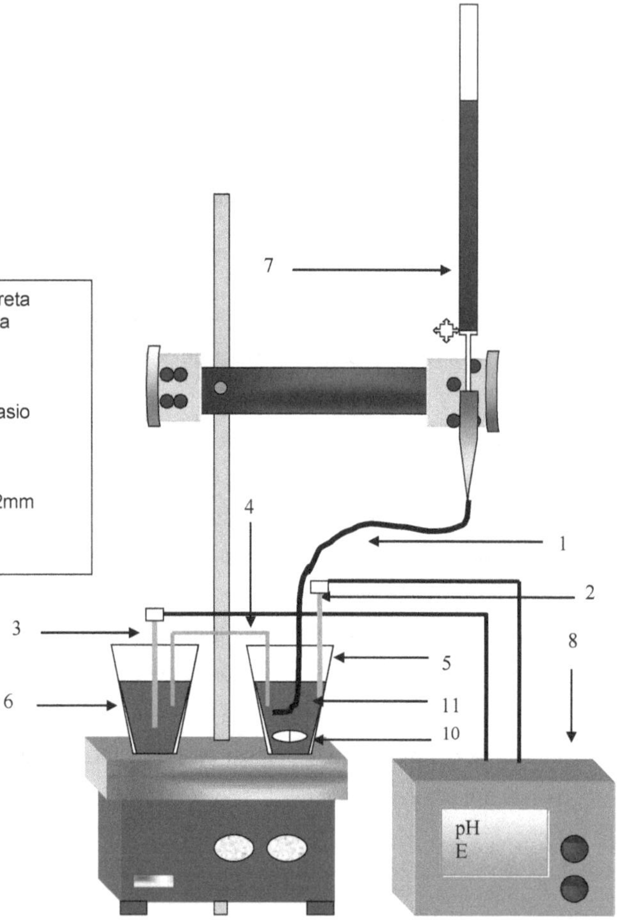

Figura 1 esquema del equipo experimental utilizado para la valoración de sulfato ferroso amoniacal con sulfato cérico, permanganato de potasio y dicromato de potasio.

Los datos obtenidos se procesaron matemáticamente usando un programa de hoja electrónica (Excel), con dicho programa se obtuvieron las gráficas correspondientes de potencial (mV) contra volumen agregado de valorante. Así mismo, se procesó la información para obtener los datos y las gráficas correspondientes a la primera derivada, del potencial contra el volumen ajustado, lo cual permitió determinar analíticamente el volumen de punto de equivalencia para cada valoración de sulfato cérico Este mismo procedimiento, se siguió, para la valoración de sulfato ferroso amoniacal con permanganato de potasio y dicromato de potasio. Las reacciones químicas son:

$$Fe^{2+} + Ce^{4+} \rightleftharpoons Fe^{3+} + Ce^{3+}$$

$$6\ Fe^{2+} + Cr_2O_7^{\ 2-} + 14\ H^+ \rightleftharpoons 2\ Cr^{3+} + 6\ Fe^{3+} + 7\ H_2O$$

$$5\ Fe^{2+} + MnO_4^{\ -} + 8\ H^+ \rightleftharpoons Mn^{2+} + 5\ Fe^{3+} + 4\ H_2O$$

Resultados de las microvaloraciones redox

En las Figuras II, III y IV se muestran cada una de las gráficas experimentales promedio obtenidas para 30 valoraciones de 0.2 mL sulfato ferroso amoniacal (0.099 N) con, dicromato de potasio (0.1N), permanganato de potasio (0.099 N) y sulfato cérico amoniacal (0.101 N),

FIGURA II Curva de valoración de 0.2 mL de sulfato ferroso amoniacal 0.099 N con dicromato de potasio 0.1 N

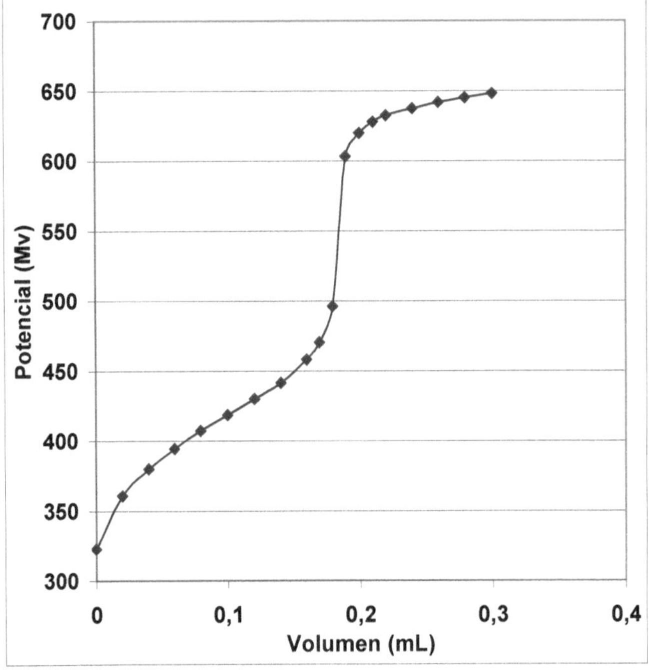

FIGURA III Curva de valoración de 0.2 mL de sulfato ferroso amoniacal 0.099 N con permanganato de potasio 0.099 N

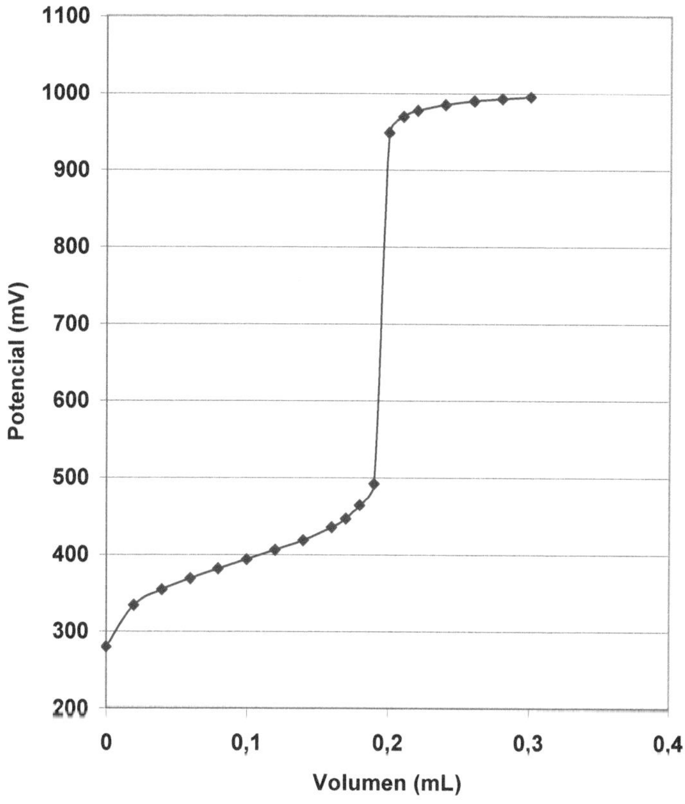

FIGURA IV Curva de valoración de 0.2 mL de sulfato ferroso amoniacal 0.099 N con sulfato cérico amoniacal 0.1 N

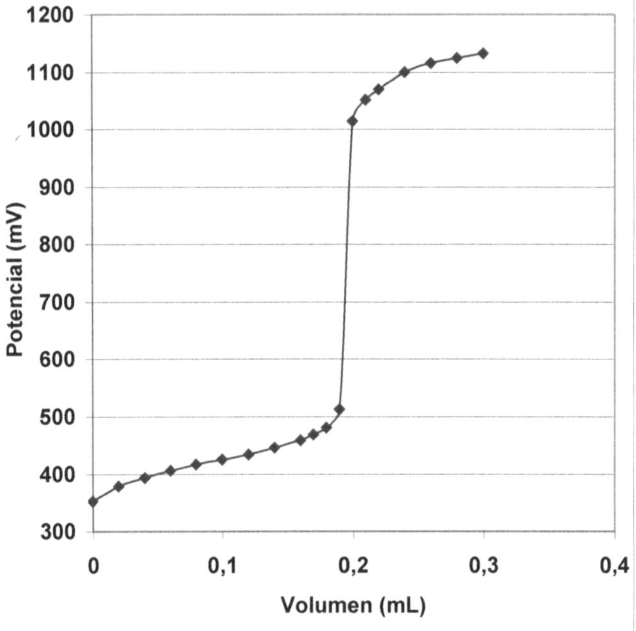

En las Figuras V, VI y VII se muestran cada una de las gráficas experimentales promedio obtenidas de las 30 valoraciones de 5 mL sulfato ferroso amoniacal.

FIGURA V Curva de valoración de 5 mL de sulfato ferroso amoniacal 0.099 N con dicromato de potasio 0.1N

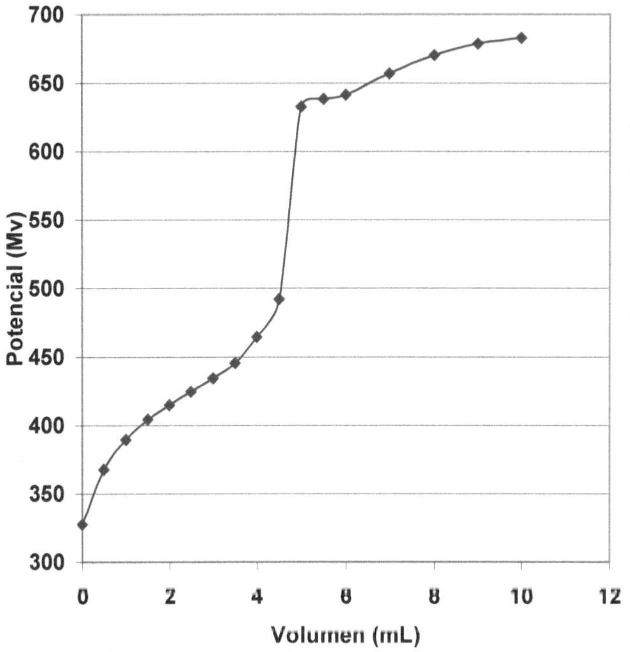

FIGURA VI Curva de valoración de 5 mL de sulfato ferroso amoniacal 0.099 N con permanganato de potasio 0.099 N

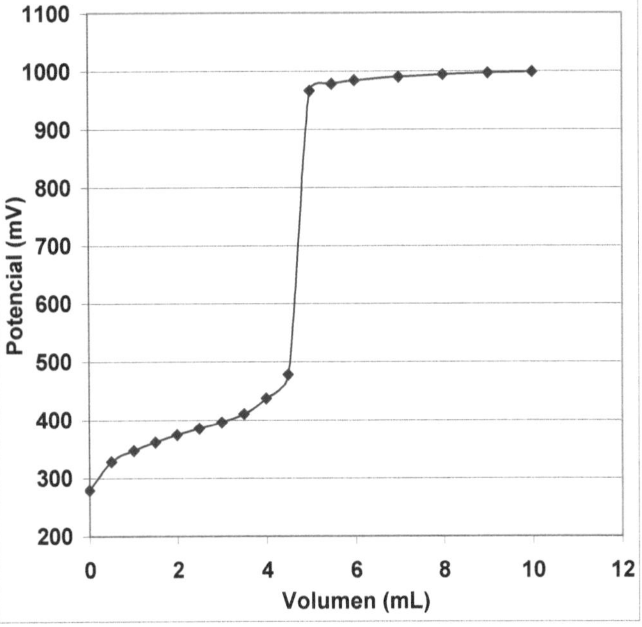

FIGURA VII Curva de valoración de 5 mL de sulfato ferroso amoniacal 0.099 N con sulfato cérico amoniacal 0.1 N

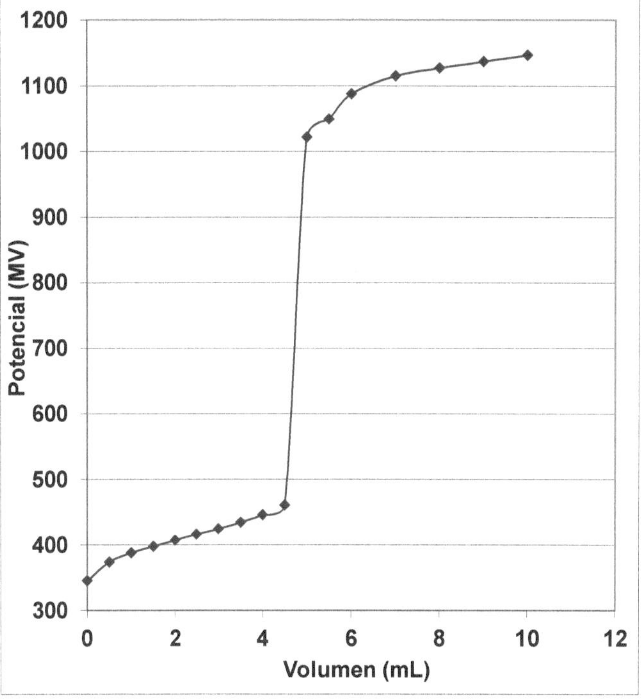

En las Figuras VIII y IX se muestra la determinación del punto de equivalencia por el método de la primera derivada para la valoración de 0.2 mL y 5 mL de cerio.

FIGURA VIII Primera derivada de la valoracion de 0.2 mL de sulfato ferroso amoniacal 0.099 N con sulfato cérico amoniacal 0.1 N

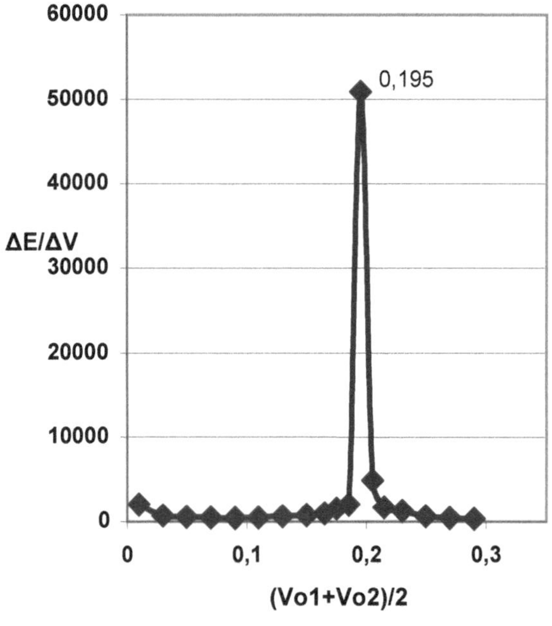

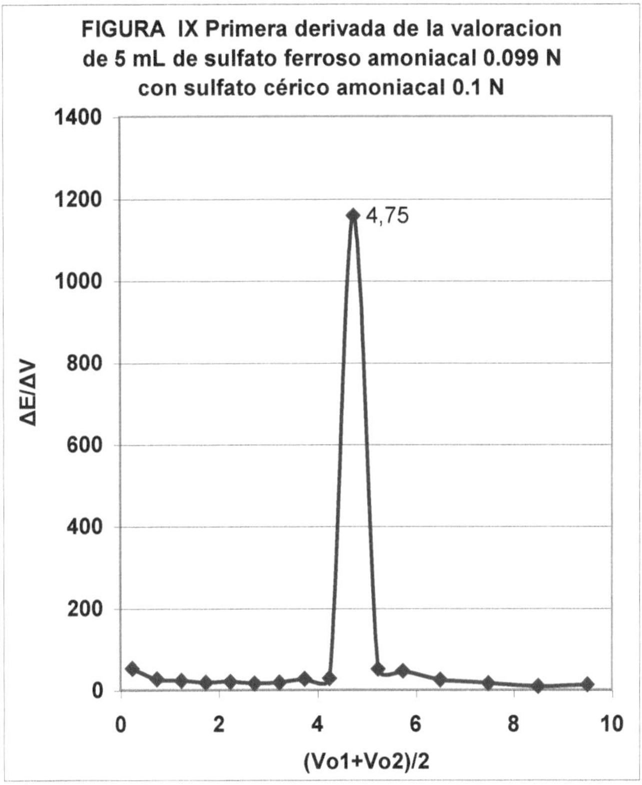
FIGURA IX Primera derivada de la valoracion de 5 mL de sulfato ferroso amoniacal 0.099 N con sulfato cérico amoniacal 0.1 N
1400
1200
1000
800
600
400
200
0
ΔE/ΔV
4,75
0
2
4
6
8
10
(Vo1+Vo2)/2

Cuadro 1

Valoración	0.2 mL	5.0 mL
Dicromato de Potasio 0.1 N	0.185	4.75
Permanganato de Potasio 0.099N	0.195	4.75
Sulfato Cérico 0.101N	0.195	4.75

Resultados de los volúmenes de punto de equivalencia obtenidos para las valoraciones de 0.2 mL de sulfato ferroso amoniacal 0.099 N para cada agente oxidante.

Cuadro II.

		1	2	3	4	5
Valoración	Volumen. Obtenido (mL)	Normalidad Experimental Obtenida $N_1V_1=N_2V_2$	Volumen Valorado (mL)	Milimoles Experimentales Obtenidos (1 X 2)	Milimoles Teóricos (0.1 X 0.2	% de Error
Dicromato de Potasio 0.1 N	0.186	0.0928	0.2	0.0186	0.02	7.00
Permanganato de Potasio 0.099N	0.195	0.096	0.2	0.0193	0.0198	2.52
Sulfato Cérico 0.101N	0.195	0.0985	0.2	0.0197	0.0202	2.47

Resultados de las valoraciones de 0.2 mL de sulfato ferroso amoniacal 0.099 N con cada sistema oxidante, así como su error porcentual.

Cuadro III.

Valoración	Volumen. Obtenido (mL) 1	Normalidad Experimental Obtenida $N_1V_1=N_2V_2$ 2	Volumen Valorado (mL) 3	Milimoles Experimentales Obtenidos (1 X 2) 4	Milimoles Teóricos 5	% de Error
Dicromato de Potasio 0.1 N	4.75	0.095	5.0	0.475	0.5	5
Permanganato de Potasio 0.099N	4.75	0.094	5.0	0.47	0.495	5.05
Sulfato Cérico 0.101 N	4.75	0.096	5.0	0.479	0.505	5.15

Resultados de las valoraciones 5 mL de sulfato ferroso amoniacal 0.099 N con cada sistema oxidante, así como su error porcentual.

Discusión y conclusiones de las microvaloraciones redox.

Observando el comportamiento que se presenta en las figuras II, III y IV (valoraciones de 0.2 mL de sulfato ferroso amoniacal) y comparándolo con el que se presenta en las figuras V, VI y VII (valoraciones de 5 mL de sulfato ferroso amoniacal), se puede afirmar que no existe diferencia en el comportamiento de las valoraciones. Las figuras de las gráficas obtenidas experimentalmente son totalmente equivalentes en la relación volumen agregado, potencial experimental obtenido, por lo que se puede concluir que en las microvaloraciones no se pierde información respecto a las valoraciones convencionales. De acuerdo a las cuadros II y III, el error porcentual promedio es mayor en la valoración convencional (5.06), que el obtenido en la microvaloración (4.04). En conclusión no existen desventajas en la técnica microanalítica, pero si existen ventajas como se puede muestra en la cuadro XV, donde se puede ver que en la práctica docente se pueden abaratar los costos 195.16 veces y disminuir los residuos 143 veces.

8.3 Microvaloraciones Ácido-Base.

Los reactivos utilizados fueron grado analítico, estandarizados de acuerdo a la literatura[24]. Como electrodo indicador se usó un alambre de platino "Tratado" calibre 0.075 mm, como electrodo de referencia un electrodo de calomel marca corning y un potenciómetro marca Oakton modelo pH 110 Series.

Se tomaron cinco alícuotas de 0.25 mL de ácido nítrico con una micropipeta marca Trannsferpette®, se valoró con hidróxido de sodio (0.0197N) con adiciones de 20 μL. De la misma manera se valoraron 5 alícuotas de 0.2 mL de hidróxido de sodio y acetato de sodio, respectivamente, y ambos de concentración (0.1N), el esquema del equipo experimental utilizado se presenta en la Figura 1, con las especificaciones mencionadas para las microvaloraciones redox.

Los datos obtenidos se procesaron matemáticamente usando un programa de hoja electrónica (Microsoft Excel), y con dicho programa se obtuvieron las gráficas correspondientes de potencial (mV) en función del volumen agregado de valorante. Adicionalmente la información se proceso con la hoja de cálculo para obtener los datos y las gráficas correspondientes a la primera derivada, del potencial en función del volumen ajustado, con el propósito de determinar analíticamente el volumen de punto de equivalencia para cada valoración.

Resultados de las microvaloraciones ácido-base

De la Figura X a la Figura XII se muestran cada una de las gráficas experimentales obtenidas para la valoración de ácido nítrico 0.1 N con hidróxido de sodio 0.0197 N, hidróxido de sodio 0.1 N con ácido clorhídrico (0.1N), y acetato de sodio (0.1N) con ácido clorhídrico (0.1N), respectivamente.

FIGURA X Valoración de 0.25 mL de ácido nítrico 0.1 N con hidróxido de sodio 0.0197 N

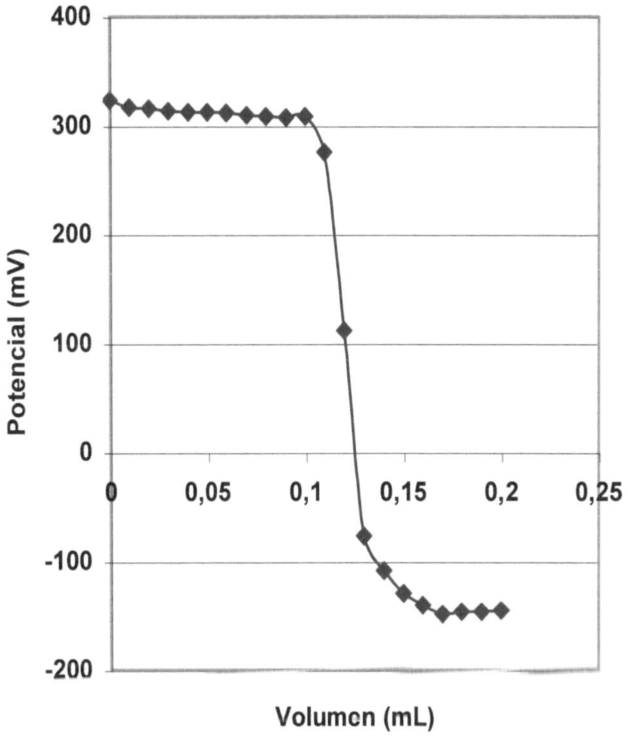

FIGURA XI Valoración de 0.2 mL de hidróxido de sodio 0.1M con ácido clorhídrico 0.1 N

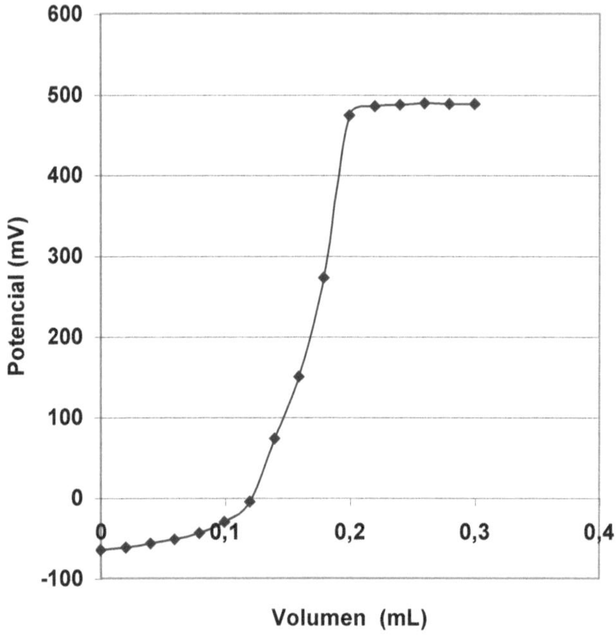

FIGURA XII Valoración de 0.2 mL de acetato de sodio 0.1 N con ácido clorhídrico 0.1 N

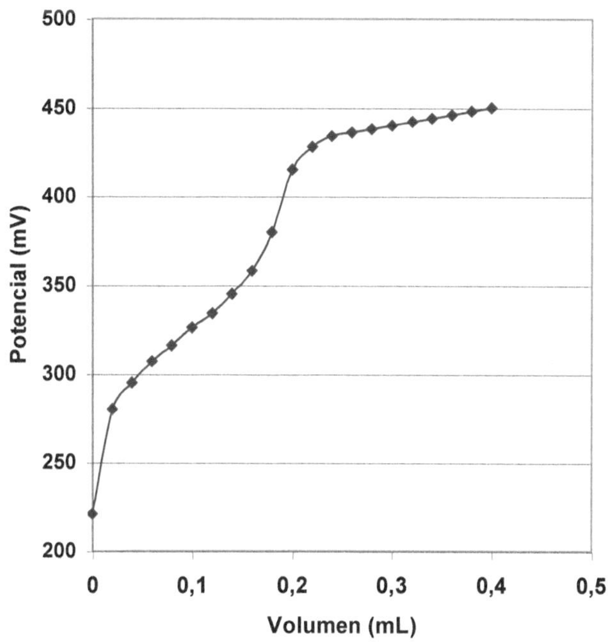

Cuadro IV.

Valoración	1	2	3	4	5	Vpe (mL) Promedio	Desviación Estándar "s"
Ácido Nítrico 0.1 N con Hidróxido de Sodio	0.125	0.115	0.125	0.125	0.125	0.123	0.0045
Hidróxido de Sodio 0.1 N con Ácido Clorhídrico	0.190	0.190	0.190	0.190	0.190	0.190	0
Acetato de Sodio 0.1 N con Ácido Clorhídrico	0.190	0.190	0.190	0.190	0.190	0.190	0

Resultados de las valoraciones de 0.25 mL de ácido nítrico 0.1 N con hidróxido de sodio 0.197 N y de 0.2 mL de hidróxido de sodio y acetato de sodio 0.1 N con ácido clorhídrico 0.1 N, utilizando como electrodo indicador un electrodo de platino tratado.

Cuadro V.

	1	2	3	4	5
Valoración	Volumen. Promedio Obtenido (mL)	Normalidad Experimental Obtenida $N_1V_1=N_2V_2$	Volumen Valorado (mL)	Milimoles Experimentales Obtenidos (1 X 2)	Milimoles Teóricos	% de Error
Ácido Nítrico con Hidróxido de Sodio	0.123	0.097	0.25	0.024	0.025	4
Hidróxido de Sodio con Ácido Clorhídrico	0.190	0.095	0.2	0.019	0.02	5
Acetato de Sodio con Ácido Clorhídrico	0.190	0.095	0.2	0.019	0.02	5

Resultados de las valoraciones de 0.25 mL de ácido nítrico 0.1 N con hidróxido de sodio 0.1 N y de 0.2 mL de hidróxido de sodio y acetato de sodio 0.1 N con ácido clorhídrico 0.1 N y su error porcentual.

Discusión y conclusiones de las microvaloraciones ácido-base.

Observando el comportamiento que se presenta en las figuras X, XI y XII (valoraciones 0.25 mL de ácido nítrico 0.1 N con hidróxido de sodio 0.197 N y de 0.2 mL de hidróxido de sodio y acetato de sodio 0.1 N con ácido clorhídrico 0.1 N). Las figuras de las gráficas obtenidas experimentalmente son las esperadas considerando que el seguimiento de la valoración es con electrodo de platino. De acuerdo a las cuadros V, el error porcentual promedio de las valoraciones es (4.52), en la valoración convencional mostrada en la cuadro III el error porcentual promedio es de (5.05). En conclusión, como para el caso de las valoraciones redox, no existen desventajas en las microvaloraciones ácido-base, pero presenta las mismas ventajas que en las valoraciones redox (disminución de costos y minimización de residuos)

8.4 Microvaloraciones de halogenuros

Los reactivos utilizados fueron grado analítico, estandarizados de acuerdo a la literatura [24]. Como electrodo indicador se usó un alambre de plata calibre 0.075 mm y 5 cm. de longitud, como electrodo de referencia un electrodo de calomel marca corning y un potenciómetro marca Oakton modelo pH 110 Series. Se tomaron cinco alícuotas de 0.20 mL de cloruro de potasio con una micropipeta marca Trannsferpette, se valoró con nitrato de plata (0.1N) con adiciones de 10 µL. De la misma manera se valoraron 5 alícuotas de 0.2 mL de yoduro de potasio y bromuro de potasio el esquema del equipo experimental se presenta en la Figura 1.

Los datos obtenidos se procesaron matemáticamente usando un programa de hoja electrónica (Microsoft Excel), con dicho programa se obtuvieron las gráficas correspondientes de potencial (mV) en función del volumen agregado de valorante.

Finalmente la información obtenida se proceso con la hoja de cálculo para obtener los datos y las gráficas correspondientes a la primera derivada, del potencial en función del volumen ajustado, con el propósito de determinar analíticamente el volumen de punto de equivalencia para cada valoración.

Resultados de las microvaloraciones de halogenuros

De la Figura XIII a la Figura XV se muestran cada una de las gráficas experimentales obtenidas para la valoración de cloruro, bromuro y yoduro 0.1 N con nitrato de plata 0.1 N. Los puntos de equivalencia se obtuvieron, por el método de la primera derivada, tal como se muestra en las Figuras VIII y IX.

FIGURA XIII Valoración de 0.2 mL de cloruro de potasio 0.1 N con nitrato de plata 0.1 N

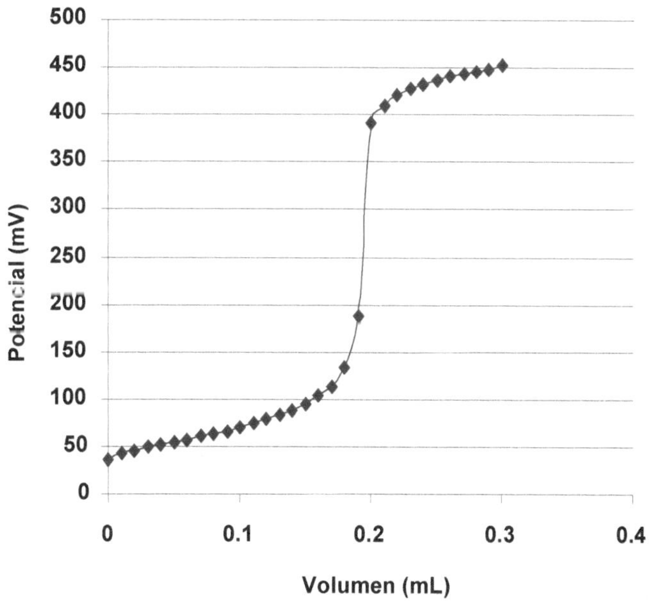

FIGURA XIV Valoración de 0.2 mL de bromuro de potasio 0.1 N con nitrato de plata 0.1 N

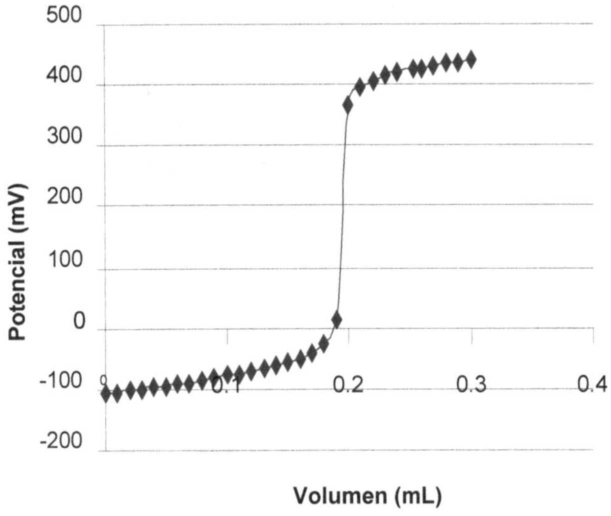

FIGURA XV Valoración de 0.2 mL de yoduro de potasio 0.1 N con nitrato de plata 0.1 N

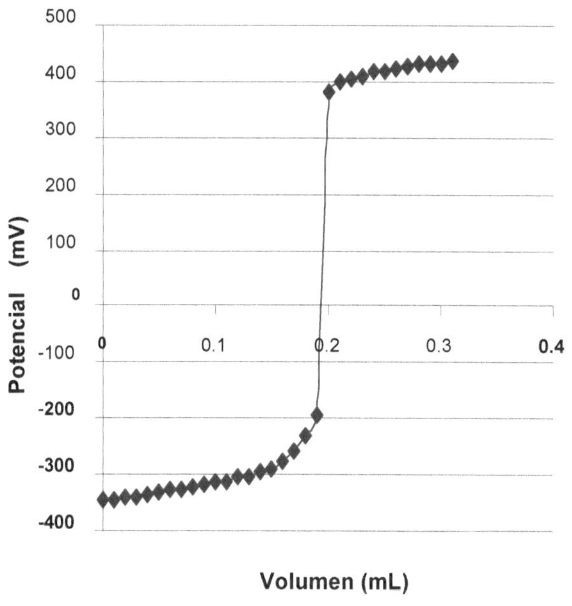

Cuadro VI

Valoración	1	2	3	4	5	Vpe (mL) Promedio	Desviación Estándar "s"
Cloruro de Potasio 0.1 N	0.19	0.19	0.19	0.19	0.19	0.19	0
Bromuro de Potasio 0.1 N	0.2	0.190	0.190	0.190	0.190	0.192	0.0044
Yoduro de Potasio 0.1 N	0.190	0.190	0.190	0.190	0.190	0.190	0

Resultados de las valoraciones de 0.2 mL de cloruro de potasio, bromuro de potasio y yoduro de potasio 0.1N con nitrato de plata 0.1 N, utilizando como electrodo indicador un electrodo de plata.

Cuadro VII.

	1	2	3	4	5
Valoración	Volumen. Promedio Obtenido (mL)	Normalidad Experimental Obtenida $N_1V_1=N_2V_2$	Volumen Valorado (mL)	Milimoles Experimentales Obtenidos (1 X 2)	Milimoles Teóricos	% de Error
Cloruro de Potasio 0.1 N	0.190	0.105	0.2	0.021	0.02	5
Bromuro de Potasio 0.1 N	0.192	0.104	0.2	0.020	0.02	0
Yoduro de Potasio 0.1 N	0.190	0.105	0.2	0.021	0.02	5

Resultados de las valoraciones de 0.2 mL de cloruro, bromuro y yoduro 0.1 N con nitrato de plata 0.1 N y su error porcentual.

Discusión y conclusiones de las microvaloraciones de halogenuros.

Observando el comportamiento que se presenta en las figuras XIII, XIV y XV (valoración de cloruro, bromuro y yoduro 0.1 N con nitrato de plata 0.1 N). Las figuras de las gráficas obtenidas experimentalmente son las esperadas considerando que el seguimiento de la valoración es con electrodo de plata. De acuerdo a las cuadros VII, el error porcentual promedio de las valoraciones es (3.19), en la valoración convencional mostrada en la cuadro III el error porcentual promedio es de (5.05). En conclusión, como para el caso de las valoraciones redox, no existen desventajas en las microvaloraciones de halogenuros, pero presenta las mismas ventajas que en las valoraciones redox (disminución de costos y minimización de residuos)

8.5 Aplicación de las innovaciones potenciometricas de microvaloraciones en cuantificaciones usuales en química analítica.

A continuación, se describe como se procedió a realizar la prueba práctica, frente a grupo, de la metodología diseñada.

Los reactivos utilizados fueron grado analítico, estandarizados de acuerdo a la literatura [(24)]. Como electrodo indicador se utilizó un alambre de platino calibre 0.075 mm y 3.5 cm de largo como electrodo de referencia un electrodo de Plata / Cloruro de Plata marca Corning y un potenciómetro marca Oakton modelo modelo pH 110 Series

Para un grupo de 8 estudiantes se formaron 4 equipos de trabajo, con 2 estudiantes por equipo, uno de estos equipos (equipo A) realizó 5 valoraciones de manera convencional, 10 mL de sulfato ferroso amoniacal 0.01 N valorados con sulfato cérico amoniacal 0.01 N preparado en H_2SO_4 al 5 %*, (para la valoración se utilizó una bureta de 10 mL clase A, con una graduación mínima de 0.1 mL y una tolerancia de $\pm$ 0.01 mL [(28)]), el resto de los equipos (equipos B, C y D)

*Los residuos de H_2SO_4 al 5 % colectados, se diluyen con agua de la llave con relación de 1:100 una vez diluido, se neutralizan con NaOH al 10% en peso, hasta alcanzar un pH entre 5 y 7. Con lo cual se está en punto de neutralidad, que permite verterlos en la alcantarilla [(41)]

realizaron 5 valoraciones, cada uno, de 1 mL de sulfato ferroso amoniacal 0.01 N valorados con sulfato cérico amoniacal 0.01 N preparado en H_2SO_4 al 5 %*, en este caso el aforo de la bureta (bureta con capacidad de 5 mL clase A con una graduación mínima de 0.01 mL. y una tolerancia de ± 0.01 mL) no se hizo de la manera convencional.

La forma en que se efectúo dicho experimento fue la siguiente: se conectó la bureta a un catéter para inyección de insulina, Accu-Chek, Ultraflex, Infusion Set, 60 cm. ref. 04631374001 Roche, el aforo fue hasta la punta de salida del catéter que se sumerge dentro del seno de la solución. (Como ya se indicó en experimento previo se comprobó que no existiera difusión de la solución valorante a través del catéter, ver Anexo 1).

Igualmente como ya se indicó el esquema del equipo experimental utilizado se presenta en la Figura 1.

Los datos obtenidos se procesaron matemáticamente usando un programa de hoja electrónica (Excel), y de igual forma, con dicho programa se obtuvieron las gráficas correspondientes de potencial contra volumen agregado de valorante. Así mismo, se procesó la información para obtener los datos y las gráficas correspondientes a la primera derivada, dE/dV contra el volumen ajustado, lo cual permitió determinar el volumen de equivalencia experimental para cada valoración de sulfato cérico amoniacal

Resultados de la aplicación de las innovaciones potenciometricas de microvaloraciones en cuantificaciones usuales en química analítica.

En las Figuras XVI, XVII y XVIII se muestran cada una de las gráficas experimentales promedio obtenidas por los equipos B, C y D de 5 titulaciones de 1 mL de sulfato ferroso amoniacal 0.01 N con sulfato cérico amoniacal 0.01 N en tanto que en la figura XIX se muestra la gráfica experimental promedio obtenida por el equipo A de 5 titulaciones de 10 mL de sulfato ferroso amoniacal 0.01 N con sulfato cérico amoniacal 0.01 N.

FIGURA XVI Curva de valoración de 1 mL de sulfato ferroso amoniacal 0.01 N con sulfato cérico amoniacal 0.01 N (equipo B)

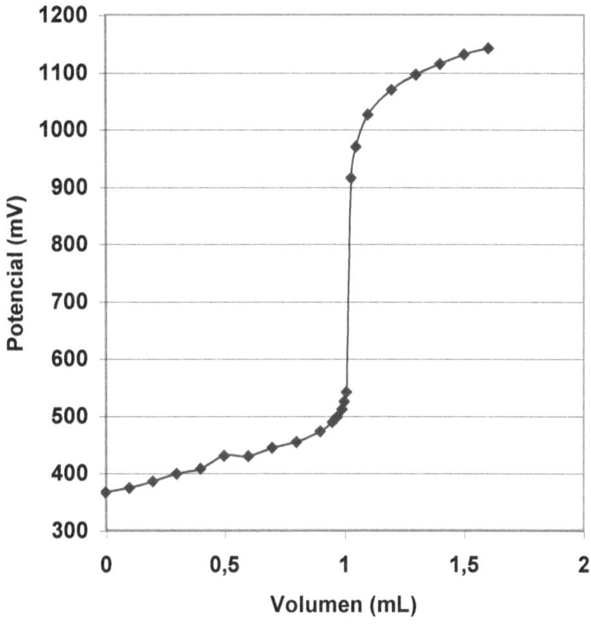

FIGURA XVII Curva de valoración de 1 mL de sulfato ferroso amoniacal 0.01 N con sulfato cérico amoniacal 0.01 N (equipo C)

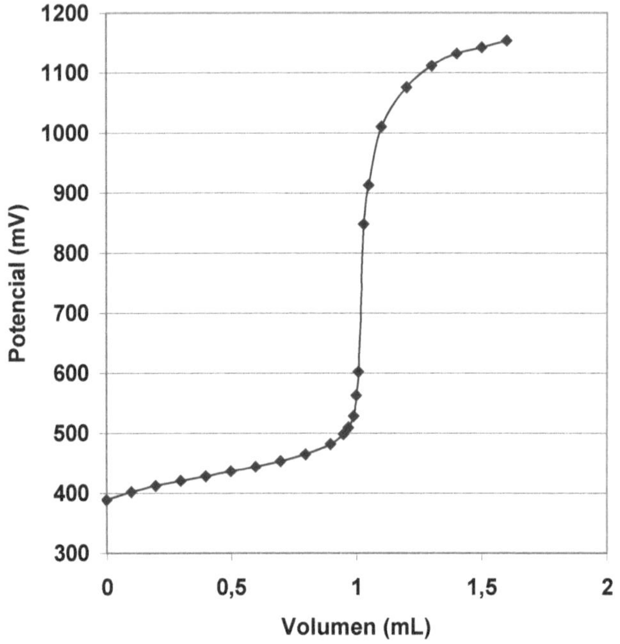

FIGURA XVIII Curva de valoración de 1 mL de sulfato ferroso amoniacal 0.01 N con sulfato cérico amoniacal 0.01 N (equipo D)

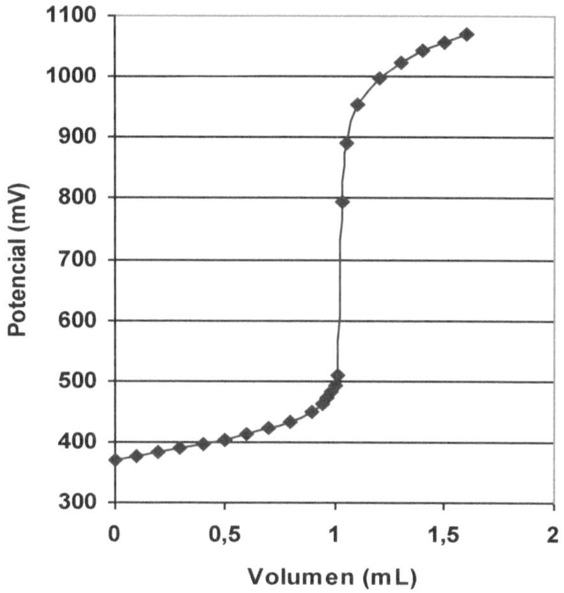

FIGURA XIX Curva de valoración de 10 mL de sulfato ferroso amoniacal 0.01 N con sulfato cérico amoniacal 0.01 N (equipo A)

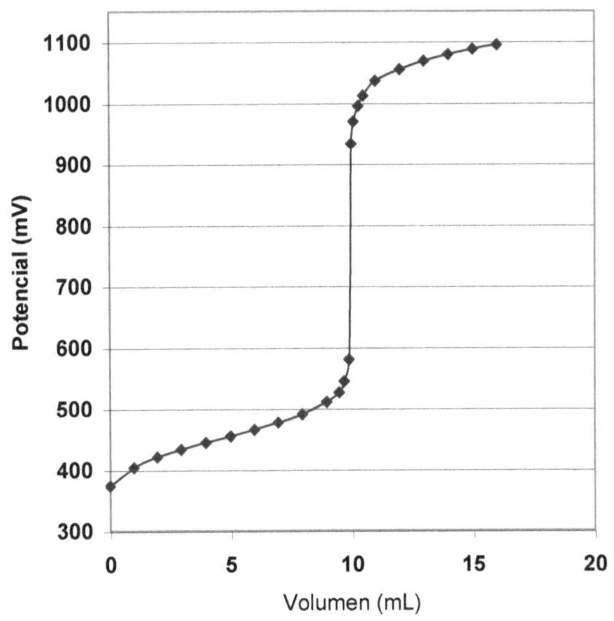

En las Figuras XX y XXI se muestra, para una serie de datos, la determinación de los volúmenes de equivalencia experimental por el método de la primera a derivada para la titulación de 1 mL y 10 mL de sulfato ferroso amoniacal.

FIGURA XX primera derivada para la titulación de 10 mL de sulfato ferroso amoniacal 0.01 N con sulfato cérico amoniacal 0.01N

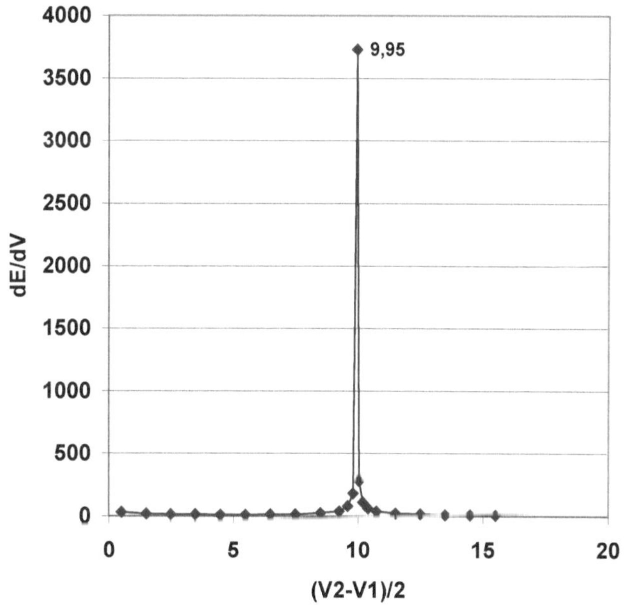

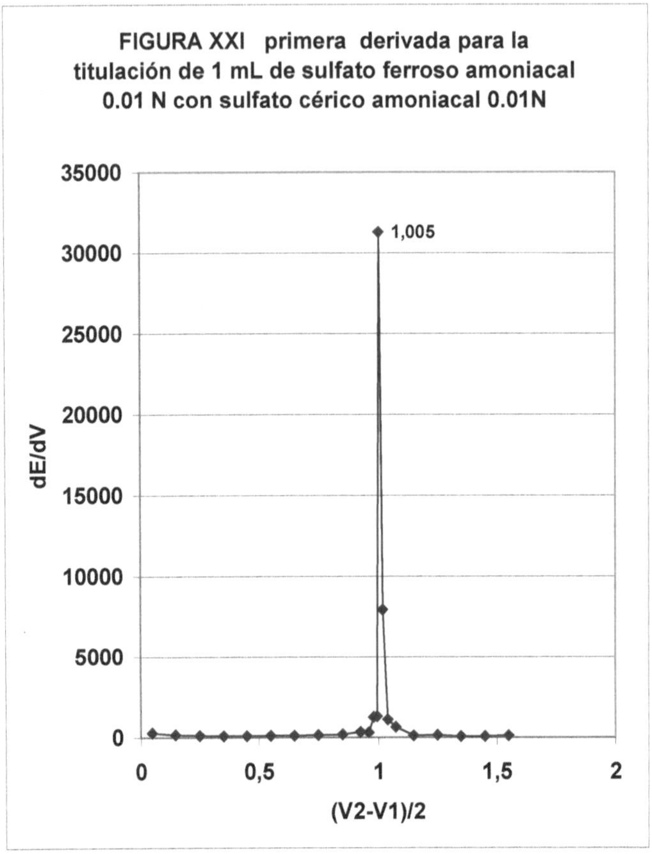
FIGURA XXI primera derivada para la titulación de 1 mL de sulfato ferroso amoniacal 0.01 N con sulfato cérico amoniacal 0.01N
35000
30000
25000
20000
15000
10000
5000
0
dE/dV
1,005
0
0,5
1
1,5
2
(V2-V1)/2

Cuadro VIII.

Equipo	VEE (mL)	Desviación Estándar	Coeficiente de Variación	t Calculada	t cuadros	95% Significancia
A	9.94	0.0224	0.22			
B	1.01	0.0082	0.81	1.64	2.306	A=B
C	1.01	0.011	1.14	1.51	2.306	A=C
D	1.00	0.011	1.08	0.57	2.306	A=D

Resultados de los volúmenes del equivalencia experimental (VEE) promedio, coeficiente de variación y t calculada (con un nivel de significancia del 95 %) de las 5 titulaciones de 10 y 1 mL. respectivamente de sulfato ferroso amoniacal 0.01 N con sulfato cérico amoniacal 0.01 N, de cada equipo

Cuadro IX.

	VEE (mL)	1 Normalidad Experimental Obtenida $N_1V_1=N_2V_2$	2 Volumen Titulado (mL)	3 Milimoles Experimentales Obtenidos (1 X 2)	4 Milimoles Teóricos (0.01 X 10) y (0.01 X 1)	5 % de Error
A	9.94	0.0099	10	0.099	0.1	1
B	1.01	0.010	1.0	0.01	0.01	0.0
C	1.01	0.010	1.0	0.01	0.01	0.0
D	1.00	0.010	1.0	0.01	0.01	0.0

Resultados de las titulaciones de 1 mL y 10 mL sulfato ferroso amoniacal 0.01 N con sulfato cérico amoniacal 0.01 N de cada equipo de estudiantes y su error porcentual.

Discusión y conclusiones de la aplicación de las innovaciones potenciometricas de microvaloraciones en cuantificaciones usuales en química analítica.

Observando el comportamiento que se presenta en las figuras XVI, XVII y XVIII (gráficas experimentales promedio obtenidas por los equipos B, C y D de 5 titulaciones de 1 mL de sulfato ferroso amoniacal 0.01 N con sulfato cérico amoniacal 0.01 N) y comparándolas con la que se presenta en las figuras XIX (valoración de 10 mL de sulfato ferroso amoniacal 0.01 N), se puede afirmar que no existe diferencia en el comportamiento de las valoraciones. Las figuras de las gráficas obtenidas experimentalmente son totalmente equivalentes en la relación volumen agregado, potencial experimental obtenido, por lo que se puede concluir que en las microvaloraciones no se pierde información respecto a las valoraciones convencionales. De acuerdo a la cuadro IX, el error porcentual obtenido por el equipo A. (valoración convencional) es de 0.6, respecto a 0.99, 0.99 y 0, (promedio de 0.66) obtenido por los equipos B, C y D (microvaloración) En conclusión no existen desventajas en la técnica microanalítica, pero si existen ventajas como se puede muestra en la cuadro XV, donde se puede ver que en la práctica docente se pueden abaratar los costos 195.16 veces y disminuir los residuos 143 veces.

9. DISCUSIÓN Y CONCLUSIONES

Mediante la elaboración y uso de electrodos alternativos a los electrodos comerciales de platino, pH y plata se estableció la técnica experimental para llevar a cabo microvaloraciones potenciometricas (0.2 mL de reactivo por valorar) de los siguientes sistemas

I. REDOX

a. Microvaloración de sulfato ferroso amoniacal con:

a_1. Sulfato cérico amoniacal.
a_2. Permanganato de potasio y
a_3. Dicromato de potasio.

II. ÁCIDO-BASE

b. Microvaloración de:

b_1. Ácido nítrico con hidróxido de sodio.
b_2. Hidróxido de sodio con ácido acético y
b_3. Acetato de sodio con ácido clorhídrico.

III. HALOGENUROS

c. Microvaloración de:

c_1. Cloruro de potasio.
c_2. Yoduro de potasio y
c_3. Bromuro de potasio.
Cada uno de las tres sustancias con nitrato de plata.

Comparando las gráficas experimentales, presentadas en las figuras II, III y IV (volumen por valorar de 0.2 mL), XVI, XVII y XVIII (volumen por valorar de 1 mL), contra las figuras V, VI y VII (volumen por valorar de 5 mL), y XIX (volumen por valorar de 10 mL), podemos observar que geométricamente son equivalentes, por lo cual no se pierde información en los microanálisis.

Los resultados muestran, que la técnica experimental propuesta, puede ser instrumentada y desarrolladas con mucho éxito en los laboratorios de instituciones que imparten carreras relacionadas con el área química, sin ser necesaria una amplia experiencia en el empleo de la instrumentación propuesta; pudiendo comprobarse que con este método se disminuyen sustancialmente los productos de desecho y se minimiza el uso de reactivos con lo que se aumenta la seguridad en su manejo además de disminuirse hasta 195 veces los costos de experimentación (Cuadro XV).

En relación a los resultados de experimentales de las valoraciones redox, ácido-base y de halogenuros se puede concluir, de acuerdo a las cuadros II, V y VIII que el error porcentual promedio de las microvaloraciones, es menor, para todos los casos, que la valoración convencional; por lo que las microvaloraciones son aceptables para aplicaciones docentes; en tanto que para el caso de investigación, esto dependerá de los límites que se imponga al proyecto de trabajo.

Para el caso de las valoraciones redox los volúmenes de punto de equivalencia tienen una incertidumbre 12.35 veces mayor en la microvaloración (ver cuadro de anexo 1) que en la titulación convencional (0.042 respecto a 0.0034, respectivamente), esta elevada incertidumbre en la microvaloración se logró disminuir, a 1.97 veces, (de 0.042 a 0.0067) utilizando la bureta de 5 mL, valorando 1 mL en vez de 0.2 mL, pero disminuyendo 10 veces la concentración (en vez de valorar soluciones 0.1 M usar 0.01 M), con lo cual no se incrementan costos, además de que la manipulación experimental es mas amigable para el operario, sin perder el objetivo de minimizar costos y subproductos contaminantes.

Los resultados de la cuadro VIII muestran que los datos obtenidos, para la determinación del volumen de equivalencia experimental, mediante el método de la primera derivada presentan un coeficiente de variación menor para el equipo A que para los equipos B, C y D, concluyéndose que hubo una dispersión de datos mayor para las microvaloraciones que para la macrovaloración, aunque el error porcentual, para todos los casos siempre fue menor de 1% (cuadro IX). Esta mayor dispersión de datos también se observó en las figuras XVI, XVII y XVIII (microvaloraciones) respecto a la figura XIX (macrovaloración), aunque la gráfica promedio es prácticamente la misma, esta dispersión en las microvaloraciones se explica mediante las observaciones hechas por los estudiantes, que mencionaron que el tamaño de la barra magnética de agitación era muy pequeña (8 x 2 mm) en relación al mililitro que al principio debe de agitar, por lo cual hay que aumentar el tamaño a 10 x 2 mm, ya que de esta manera se alcanza con mayor rapidez el equilibrio, como se muestra en la figura XXI del anexo 7.

CONCLUSIONES

Los resultados de la prueba de hipótesis para las titulaciones (VIII), muestra que en los tres equipos que realizaron microvaloraciones se obtuvieron resultados equivalentes a los obtenidos para la titulación convencional, así que de acuerdo al diseño del experimento, costos y residuos se pueden disminuir 195 y 143 veces respectivamente (Cuadro XV), el volumen manejado, pasa de 210 mL (Cuadro X) a 7.5 mL (cuadro XI) con una disminución de 30 veces, lo que hace mas seguro el manejo de reactivos.

El valor de la incertidumbre [42] para la titulación de 10 mL (0.002) fue menor que para la titulación de 1 mL (0.005) aunque ambos fueron muy pequeños.

Finalmente se puede concluir que la fabricación de electrodos alternativos a los electrodos comerciales de platino, pH y plata es un procedimiento muy sencillo, que no solo permite el uso de microcantidades, sino que además significa un gran avance en la manipulación segura de sustancias peligrosas, con las ventajas antes mencionadas, respecto a resultados estadísticamente equivalentes y confiables.

Desde un punto de vista educativo y de formación de una conciencia ambiental, la propuesta permite alentar, en todos los que intervienen en el proceso, una conciencia de posibilidad real de alternativa a técnicas tradicionales que contaminan el ambiente, requieren insumos de importación y por ende, elevado costo; pues cuando el docente y el estudiante obtienen resultados lo suficientemente confiables, con una instrumentación diferente a la convencional, que permite ahorrar recursos y no contaminar, difícilmente vuelven a utilizar instrumentaciones que generen residuos.

La propuesta es una alternativa viable en nuestras escuelas, siempre escasas de recursos, para formar futuros profesionales en el área de química sin fuertes inversiones económicas; pero es también una contundente apuesta por una educación que busca enseñar haciendo y opta para ello por una construcción de conocimiento en los hechos.

Un siguiente paso, para dar continuidad a la presente investigación, es diseñar y elaborar los electrodos desarrollados para su presentación comercial.

Cuadros del cálculo de consumo de reactivos en la valoración sulfato ferroso amoniacal 0.01 N con dicromato de potasio 0.01 N en medio ácido sulfúrico al 5

CUADRO X.

Sulfato ferroso amoniacal						
Volumen del reactivo por valorar (mL)	Repeticiones	Volumen total valorado por equipo (mL)	Número de equipos	Volumen total valorado por laboratorio (mL)	Número de laboratorios	volumen total utilizado (mL)
30	3	90	5	450	10	4500
Dicromato de potasio						
Volumen del reactivo por valorar (mL)	Repeticiones	Volumen total valorado por equipo (mL)	Número de equipos	Volumen total valorado por laboratorio (mL)	Número de laboratorios	volumen total utilizado (mL)
40	3	120	5	600	10	6000
Volumen de ácido sulfúrico agregado al sulfato ferroso amoniacal (5 %)						225
Volumen total (reactivo valorado mas reactivo valorante mas ácido sulfúrico)						10725

Macrovaloración, volumen total utilizado de cada reactivo.

CUADRO XI.

Sulfato ferroso amoniacal						
Volumen del reactivo por valorar (mL)	Repeticiones	Volumen total valorado por equipo (mL)	Número de equipos	Volumen total valorado por laboratorio (mL)	Número de laboratorios	volumen total utilizado (mL)
1	3	3	5	15	10	150
Dicromato de potasio						
Volumen del reactivo por valorar (mL)	Repeticiones	Volumen total valorado por equipo (mL)	Número de equipos	Volumen total valorado por laboratorio (mL)	Número de laboratorios	volumen total utilizado (mL)
1.5	3	4.5	5	22.5	10	225
Volumen de ácido sulfúrico agregado al sulfato ferroso amoniacal (5 %)						7.5
Volumen total (reactivo valorado mas reactivo valorante mas ácido sulfúrico)						382.5

Microvaloración, volumen total utilizado de cada reactivo.

CUADRO XII.

Sulfato ferroso amoniacal						
Volumen del reactivo por valorar (mL)	Repeticiones	Volumen total valorado por equipo (mL)	Número de equipos	Volumen total valorado por laboratorio (mL)	Número de laboratorios	volumen total utilizado (mL)
0.2	3	0.6	5	3	10	30
Dicromato de potasio						
Volumen del reactivo por valorar (mL)	Repeticiones	Volumen total valorado por equipo (mL)	Número de equipos	Volumen total valorado por laboratorio (mL)	Número de laboratorios	volumen total utilizado (mL)
0.3	3	0.9	5	4.5	10	45
Volumen de ácido sulfúrico agregado al sulfato ferroso amoniacal (5 %)						0.15
Volumen total (reactivo valorado mas reactivo valorante mas ácido sulfúrico)						75.15

Ultramicrovaloración, volumen total utilizado de cada reactivo.

CUADRO XIII. Cálculo del costo de reactivos por método de valoración.

Macrovaloración

Reactivo	Volumen (mL)	Concentración Mmol / mL	Milimoles teóricos	Peso Molecular	gramos	Costo por gramo (USD)	Costo Total (USD)
Sulfatoferroso amoniacal	4500	0.01	45	392.15	17.65	4.02	70.94
Dicromato de potasio	6000	0.06	360	294.2	105.91	0.68	72.02
Ácido sulfúrico (225 mL) (0.2910 USD)							65.47
Agua destilada (10750 mL) (0.40 USD/litro)							4.3
Costo total (USD) (macrovaloración)							212.73

Microvaloración

Reactivo	Volumen (mL)	Concentración Mmol /mL	Milimoles teóricos	Peso Molecular	gramos	Costo por gramo (USD)	Costo Total (USD)
Sulfato ferroso amoniacal	150	0.01	1.5	392.15	0.588	4.02	2.36
Dicromato de potasio	225	0.06	13.5	294.2	3.97	0.68	2.7
Ácido sulfúrico (7.5 mL) (0.2910 USD)							2.18
Agua destilada (382.5 mL) (0.40 USD/litro)							0.153
Costo total (USD) (microvaloración)							7.39

Ultramicrovaloración

Reactivo	Volumen (mL)	Concentración Mmol / mL	Milimoles teóricos	Peso Molecular	gramos	Costo por gramo (USD)	Costo Total (USD)
Sulfato ferroso amoniacal	30	0.01	0.30	392.15	0.118	4.02	0.474
Dicromato de potasio	45	0.06	2.7	294.2	0.794	0.68	0.54
Ácido sulfúrico (0.15 mL) (0.2910 USD)							0.043
Agua destilada (75.15 mL) (0.40 USD/litro)							0.03
Costo total (Ultramicrovaloración)							1.09

Cuadro XIV.

Método de valoración	Volumen total de reactivos	Costo USD
Macrovaloración	10.725 Litros	212.73
Microvaloración	0.382 Litros	7.39
Ultramicrovaloración	0.075 litros	1.09

Costos, de la valoración de sulfato ferroso amoniacal 0.01 N con dicromato de potasio 0.01 N.

Cuadro XV.

Relación	Costos	Residuos
Macrovaloración/Microvaloracion	**(212.73/7.39) = 28.78**	**(10.725/0.382) = 28.1**
Macrovaloración/Ultramicrovaloracion	**(212.73/1.09) = 195.16**	**(10.725/0.075) = 143**

Relación de costos y residuos comparando macrovaloraciones con microvaloraciones y ultramicrovaloraciones.

10. REFERENCIAS

1. Abdelhameed M. O.
"Potentiometric determination of mercury(II) using a tribromomercurate–rhodamine B PVC membrane sensor"
Intern. J. Environ. Anal. Chem.
April (2006), Vol. 86, Issue 5, p 367–379

2. Ajay Kumar Jain, Jitendra Raisoni, Ravindra Kumar And Shalabh Jain
"Perchlorate selective sensor based on a newly synthesized hydrogen-bonding diamide receptor"
Intern. J. Environ. Anal. Chem.
July (2007), Vol. 87, Issue 8, p 553–563

3. Álvarez F Ma. de los A, Ramírez Liberio V.
"Orientaciones para la formulación del anteproyecto de tesis."
Curso seminario –taller de investigación I
II semestre 2007

4. Altiokka, Göksel Can, Nafiz Öncü Aboul-Enein, Hassan Y.
"Determination of Amoxicillin by Flow Injection Analysis using UV-Detection, Potentiometry, and Conductometry in Pharmaceutical Preparations"
J. of L. Chrom. & Rel. Techns.
April (2007), Vol. 30, Issue 9, p 1333-1341

5. Aneta Łukomska, Anna Plewka, Przemysław
"Electroreduction of cupric(II) ions at the ultramicroelectrodes from concentrated electrolytes – Comparison of industrial and laboratory prepared aqueous solutions of copper(II) ions in sulfuric acid electrolytes"
J. of Elect. Chem.
August (2009), Vol. 633, Issue 2, p 92–98

6. Arias P, Ferreyra N. F., Rivas G.A., Bollo. S,
"Glassy carbon electrodes modified with CNT dispersed in chitosan: Analytical applications for sensing DNA–methylene blue interaction"
J. of Elect. Chem.
September (2009), Vol. 634, Issue 2, p 123–126

7. Bakker, Eric
"Generalized selectivity description for polymeric ion-selective electrodes based on the phase boundary potential model"
J. of Elect . Chem.
February (2010), Vol. 639, Issue 1 –2, p 1–7

8. Bogusław Bas, Małgorzata Jakubowska, Mateusz Jez, Filip Ciepiela

"Novel renovated silver ring electrode for anodic stripping analysis of Pb(II) and Cd(II) traces in water samples without removal of oxygen and surfactants"
J. of Elect. Chem.
January *(2010),* Vol. *638,* Issue 1, *p 3–8*

9. Campos, Vânia P. Costa, Angela Cristina A.Tavares, Tania M.
"Partial neutralization of rain by seaspray: The case of Recôncavo, Bahia—Brazil"
J. of Envir. Man.
July (2007), Vol. 84, Issue 2, p 204-212

10. Cédric Burgaud , Véronique Rouchon , Alain Wattiaux , Jean Bleton, René Sabot, Philippe Refait,
"Determination of the Fe(II)/Fe(III) ratio in iron gall inks by potentiometry: A preliminary study"
J. of Elect. Chem.
December (2010), Vol. 650, Issue 1, p 16–23

11. Emily Bulukin, Graziana Bagni, Grete Jonsson, Thierry Baussant And Marco Mascini
"Rapid screening of alkylphenol exposure in fish bile using an enzymatic peroxidase biosensor"
Intern. J. Environ. Anal. Chem.
December (2006), Vol. 86, Issue 4, p 1039–1048

12. Enrique Barrado Y, José A. Rodríguez, M. Beatriz Quinaz And Josel. F. C. Lima
"Tubular potentiometric detector used to determine As(V) in sediment extracts by flow injection"
Intern. J. Environ. Anal. Chem.
July (2006), Vol. 86, Issue 8, p 563–572

13. Erdemgil, F.Z. Şanli, S. Şanli, N. Özkan, G. Barbosa, J. Guiteras, J. Beltrán, J.L.
"Determination of pKa values of some hydroxylated benzoic acids in methanol–water binary mixtures by LC methodology and potentiometry"
Talanta
April (2007), Vol. 72, Issue 2, p 489-496

14. Grigorios Kyriakopoulos, Danae Doulia And Adamadia Hourdakis
"Effect of ionic strength and pH on the adsorption of selected herbicides on Amberlite"
Intern. J. Environ. Anal. Chem.
March–April (2006) Vol. 86, Issues, p 207–214

15. Harris C. Daniel *Análisis Químico Cuantitativo,* Grupo Editorial Iberoamérica, México D. F. 1991, pp. 19

16. Johnson, Kelly J, Szymanowski, Jennifer E.S. Borrok, David. Huynh, Terri Q. Fein, Jeremy B.
"Proton and metal adsorption onto bacterial consortia: Stability constants for metal–bacterial surface complexes". *Chem. Geol.*
April (2007), Vol. 239, Issue 1-2, p 13-26

17. John V. Spirig, Ramasamy Ramamoorthy , Sheikh A. Akbar, Jules L. Routbort, Dileep Singh and Prabir K. Dutta
"High temperature zirconia oxygen sensor with sealed metal/metal oxide internal reference"
Sens. and Act. B: Chem.
June (2007), Vol. 124, Issue 1, p 192-201

18. Jia Zhang , Jing Li , Fan Yang , Bailin Zhang , Xiurong Yang
"Pt nanoparticles-assisted electroless deposition of Prussian blue on the electrode: Detection of H2O2 with tunable sensitivity"
J. of Elect. Chem.
January (2010), Vol. 638, Issue 1, p 173–177

19. Koley, G. Qazi, M. Lakshmanan, L. Thundat, T.
"Gas sensing using electrostatic force potentiometry"
Appl. Phys. Lett.
April (2007), Vol. 90, Issue 17, p 3

20. Kumaravel, M. Chandrasekaran
"A biocompatible nano TiO2/nafion composite modified glassy carbon electrode for the detection of fenitrothion"
J. of Elect. Chem.
January (2011), Vol. 650, Issue 2, p 163–170

21. Liao, Cheng-Wei Chou, Jung-Chuan. Sun, Tai-Ping Hsiung, Shen-Kan. Hesieh, Jui Heslang
"Preliminary investigations on a glucose biosensor based on the potentiometric principle"
Sens. and Act. B: Chem.
May (2007), Vol. 123 Issue 2, p 720-726

22. Mazloum Ardakani, M.. Karimi, M. A. Mashhadizadeh, M. H
M. Pesteh, M. S. Azimi And H. Kazemian
"Potentiometric determination of monohydrogen arsenate by zeolite-modified carbon-paste electrode"
Intern. J. Environ. Anal. Chem.
April (2007), Vol. 87, Issue 4, p 285–294

23. Méndez Carlos E.
"Metodología, Diseño y Desarrollo del Proceso de Investigación."
Mc. Graw Hill Tercera Edición 2003

24. Annual Book of ASTM Standard.
Section 6 Paints, related Coatings and Aromatics.
Volume 06.02 (1988).
D444, p 95

25. Pérez S, J de J, García G, F., Márquez V.S.
"Películas de Oxido Sobre Acero Inoxidable 316 (POSAI-316) Como Electrodo Indicador de pH en Medio No Acuoso."
Rev. de la Soc. Quím. de Méx.
Enero-Febrero (1997), Vol. 41, No 7, p 3-7

26. Pérez S, J de J, Rosalez V Genaro
"Estudio Potenciométrico del Ácido Fluorhídrico con Electrodos POSAI-316"
Rev. de la Soc. Quím de Méx.
Julio-agosto (1998), Vol. 42, No 4, p 182-185

27. Pérez S, J de J., Rincón A. Sonia
"Potenciometría Con Volúmenes a Nivel de Microescala en Educación"
Rev. de Edu. Quím.
Julio-septiembre (2003), Vol. 14, No 3 p 148-150

28. Pérez S, J de J. Rincón A, S. Hernández C, Cesar., Romero C.G.
"Potenciometria de oxidorreduccion a microescala en docencia"
Tec. en Marcha
Abril-Junio (2011), Vol 24 No 2 p 44-52

29. Ramírez Liberio Victorino
"Principales Tradiciones en la Investigación Social
Conferencia Introductoria"
Seminario Taller De Investigación 1
Universidad Autónoma Chapingo. México-Costa Rica.
Febrero 2005.

30._Rauf, Sakandar. Nawaz, Haq. Akhtar, Kalsoom Ghauri, Muhammad A. Khalid, Ahmad M.
"Studies on sildenafil citrate (Viagra) interaction with DNA using electrochemical DNA biosensor"
Bios. & Bioel.
May (2007), Vol. 22, Issue 11, p 2471-2477

31. Shishkanova, T.V. Sýkora, D.Sessler, J.L. Král, V.

"Potentiometric response and mechanism of anionic recognition of heterocalixarene-based ion selective electrodes".
Anal. Chem. Acta.
March (2007), Vol. 587 Issue 2, p 247-253

32. Stelian Lupu, Francisco Javier del Campo, Francesc Xavier Muñoz
Development of microelectrode arrays modified with inorganic–organic composite materials for dopamine electroanalysis
J. of Elect. Chem.
Feb (2010), Vol. 639, Issue 1 –2, p 147–153

33. Tamayo y Tamayo Mario
Serie Aprender a Investigar Módulo 5 El Proyecto de Investigación
Instituto Colombiano Para El Fomento de la Educación Superior
Tercera edición 1999

34. Ting-Kai Huang , Kuan-Wen Lin , Sze-Ping Tung , Ta-Ming Cheng , I-Chun Chang , You-Zung Hsieh, Chi-Young Lee , Hsin-Tien Chiu ,
"Glucose sensing by electrochemically grown copper nanobelt electrode"
J. of Elect. Chem.
Nov (2009), Vol. 636, Issue 1 –2, p 123–127
35. Vinod K. Gupta . Ajay K. Jain and Gaurav Maheshwari
"Aluminum(III) selective potentiometric sensor based on morin in poly(vinyl chloride) matrix"
J. of Sol. Chem.
Jun (2007), Vol. 36, Issue 6, p 673-689

36. Yaar Dürüst Nedime Dürüst Muharrem Akcan
"Potentiometric Study of Acid−Base Equilibria of 3,5-Disubstituted 1,2,4,5-Oxadiazaboroles in Nonaqueous Media"
J. of Chem. & Eng. Data
May (2007), Vol. 52, Issue 3, p 718-720,

37. Yanping Gao, Wanzhi Wei, Xiaohua Gao,
Jinxiang Zeng And Jian Yin
"Determination of ultratrace lead with bismuth film electrodes based on magneto-voltammetry"
Intern. J. Environ. Anal. Chem.
April (2007), Vol. 87, Issue. 4, p 285–294

38.Yi Na Jiang, Hong Qun Luo And Nian Bing Li
"Determination of nitrite with a nano-gold modified glassy carbon electrode by cyclic voltammetry"
Intern. J. Environ. Anal. Chem.
April (2007), Vol. 87, Issue 4, p 295–306

39. Yu-Ran Luo Robert Byrne
"The Influence of Ionic Strength on Yttrium and Rare Earth Element Complexation by Fluoride Ions in NaClO4, NaNO3 and NaCl Solutions at 25°"
Sens. and Act. B: Chem.
June (2007), Vol. 124, Issue 1, p192-201

40. Xin Chen , Zhengpeng Yang , Shihui Si ,
"Potentiometric urea biosensor based on immobilization of urease onto molecularly imprinted TiO_2 film"
J. of Elect. Chem.
Oct (2009), Vol. 635, Issue 1, p 1–6

41. Manejo de residuos, en la URL
http://www.itson.mx/laboratorios/manejoderesiduosseguridad.htm, visitada por última vez el 10 de septiembre de 2009.
42. Eurachem/Citac Guide. Quantifying Uncertainty in Analytical Measurement
Editors S L R Ellison., A Williams., M Rosslein.
English edition, Second edition. 2000.

11. ANEXOS

Anexo 1.

Para asegurar que no exista difusión de la sustancia valorante al seno de la solución por valorar, ya que el catéter se sumerge en ella, se realizó el siguiente experimento, se preparó rojo de metilo al 0.1% y pH = 4.0 (ácido acético/acetato de sodio 0.1 M, solución A), obteniéndose un color rojo en agua. Para elegir una concentración adecuada y elaborar un espectro del indicador, se hicieron diluciones de 1/10 y se midieron las absorbancias correspondientes, obteniéndose los resultados mostrados en la cuadro XVI, se corrió un espectro de absorción (espectrofotómetro Thermo spectronic Modelo genesys 20), de la dilución de 0.01% (Solución B) obteniéndose un máximo de absorbancia entre 500 y 550 nm (meseta). La bureta de 5 mL que se utiliza para añadir el valorante se afora con la solución B, hasta la punta del catéter, este se sumerge en una celda de espectrofotómetro conteniendo, la solución A (cuya absorbancia a 500 nm es de 0.0, por utilizarse como solución blanco), se midieron las absorbancias por triplicado de la celda a los 20 minutos y 24 horas, obteniéndose los resultados mostrados en la cuadro XVII.

Cuadro XVI

Solución	Conc. (% m/v)	Abs (590 nm)
A	0.1	2.401
B	0.01	0.564
C	0.001	0.068
D	0.0001	0.009
E	0.00001	-0.01

Diluciones de rojo de metilo al 0.1% y pH = 4.0 (ácido acético/acetato de sodio 0.1 M) y sus correspondientes absorbancias a 590 nm

Cuadro XVII

Prueba	Tiempo (min)	Abs (T=0)	Abs
1	20	0	0.002
2	20	0	0.001
3	20	0	0.000
4	1440	0	0.003

Respuesta de la absorbancia en función del tiempo de rojo de metilo al 0.01% y pH = 4.0

Como se puede observar en la cuadro XVII a las 24 horas de contacto del catéter con la solución la absorbancia es 0.003 valor que cae dentro de la incertidumbre de lectura del equipo (exactitud fotométrica 0.003 A, "manual del Operador Genesys^{tm} 20 spectrophotometer"

Anexo 2.

CÁLCULO DE LAS CONCENTRACIONES DE LAS SOLUCIONES

1. DICROMATO DE POTASIO (ESTANDAR PRIMARIO)

La solución decinormal de dicromato de potasio se preparo pesando 0.4903 gramos de la sal pura, disolviendo y aforando a 100 ml (bibliografía 10 pagina 372).

2. SULFATO FERROSO AMONIACAL

Se pesaron 3.9 gramos de sulfato ferroso amoniacal, se disolvieron en agua que contiene 5 % de H_2SO_4 y sé aforaron a 100 mL (bibliografía 10 página 374). De esta solución se tomaron cinco alícuotas de 2 mL y se titularon con la solución de dicromato de potasio 0.1 N, usando como indicador, ferricianuro de potasio. La concentración experimental obtenida fue de 0.099 N

Cuadro XVIII

Alícuota de sulfato ferroso amoniacal (2 ml)	Volumen de vire de dicromato de potasio (ml)
1	2
2	2
3	2
4	2
5	1.9
Promedio	1.98

Volumen promedio de punto de equivalencia de la valoración de 2 mL de sulfato ferroso amoniacal con dicromato de potasio 0.01 N

$N_1V_1 = N_2V_2$

$N_2 = 0.1$ (dicromato de potasio)

V_2 = 1.98 mL (dicromato de potasio)

V_1 = 2 mL (sulfato ferroso amoniacal)

N_1 = sulfato ferroso amoniacal. (Por calcular).

$N_1 = (N_2V_2) / V_1 = (0.1 * 1.98) / 2 = 0.099$

3. PERMANGANATO DE POTASIO

Se pesaron 0.32 gramos de permanganato de potasio y se aforaron en 100 ml (bibliografía 10 pagina 308). Para su estandarización, se tomaron cinco alícuotas de 2 ml de sulfato ferroso amoniacal de concentración 0.099, y se titularon con permanganato de potasio, No fue necesario el uso de indicador ya que el permanganato actúa como tal. La concentración experimental obtenida fue de 0.099 N

Cuadro XIX

Alícuota (2 ml)	Volumen de vire (ml)
1	2
2	2
3	2
4	2
5	2
Promedio	2

Volumen promedio de punto de equivalencia de la valoración de 2 mL de sulfato ferroso amoniacal con permanganato de potasio.

$N_1V_1 = N_2V_2$

$N_2 = 0.099$ (sulfato ferroso amoniacal)

$V_2 = 2$ mL (sulfato ferroso amoniacal)

$V_1 = 2$ mL (permanganato de potasio)

N_1 = Permanganato de potasio (Por calcular)

$N_1 = (N_2V_2) / V_1 = (0.099 * 2) / 2 = 0.099$

4. SULFATO CERICO AMONIACAL

Se pesaron 6.32 gramos de sulfato doble de cerio amoniacal (IV), se disolvieron en agua que contiene 6 % de H_2SO_4 y se aforaron a 100 mL (bibliografía 10 pagina 37 paginas 382-384). Para su estandarización, se tomaron 5 alícuotas de 2 ml de sulfato ferroso amoniacal de concentración 0.099 y se titularon con sulfato doble de cerio amoniacal (IV) utilizando como indicador el ferroin. La concentración experimental obtenida fue de 0.101 N

Cuadro XX

Alícuota (2 ml)	Volumen de vire (ml)
1	2
2	2
3	2
4	2.1
5	2.1
Promedio	2.04

Volumen promedio de punto de equivalencia de la valoración de 2 mL de sulfato ferroso amoniacal con sulfato doble de cerio amoniacal (IV).

$N_1V_1 = N_2V_2$

$N_2 =$ 0.099 (sulfato ferroso amoniacal)

$V_2 =$ 2 mL (sulfato ferroso amoniacal)

$V_1 =$ 2.04 mL (sulfato cérico amoniacal)

$N_1 =$ Sulfato cérico amoniacal (por calcular).

$N_1 = (N_2V_2) / V_1 = (0.099 * 2.04) / 2 = 0.101$

Anexo 4.

CALCULO DE LAS INCERTIDUMBRES.

Esquema:

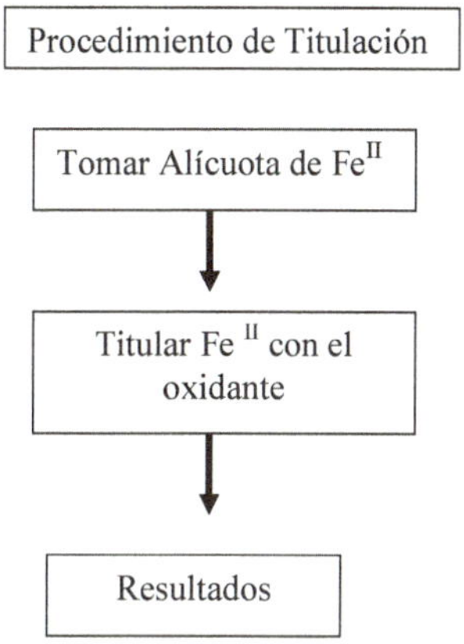

1. Para la valoración de 0.2 mL

I. Alícuota de Fe^{II}: [u (A)]

a. Calibración.

La tolerancia reportada por el fabricante para la micropipeta digital Transferpette® de 100 a 1000 µL es de ± 0.001 mL. (manual de operación Brand)

Considerando una distribución triangular $[10^{-3}/\sqrt{6}] = [10^{-3}/2.45] = 4.08 \times 10^{-4}$ mL.

b. Temperatura.

Considerando que la temperatura del laboratorio tiene una variación de ± 4° C (el coeficiente de expansión del volumen del agua es de 2.1×10^{-4}) utilizando una distribución rectangular resulta una incertidumbre estándar de: $[(0.2 \times 4 \times 2.1 \times 10^{-4}) / \sqrt{3}] = [1.64 \times 10^{-4}/ 1.73] = 9.699 \times 10^{-5}$

Combinando estas contribuciones se obtiene la incertidumbre estándar:

$u_1(x) = \sqrt{[(4.08 X 10^{-4})^2 + (9.699 X 10^{-5})^2]} = \sqrt{[16.64 X 10^{-8} + 9.41 X 10^{-9}]}$

$= \sqrt{[17.53 X 10^{-8}]} = 4.19 X 10^{-4}$

La incertidumbre estándar relativa será:

$[u_1(x) /x] = (4.19 X 10^{-4})/ (0.2) = 2.09 X 10^{-3}$

II. Volumen del titulante para la valoración de Fe^{II}: [u (V)]

a. Calibración.

La incertidumbre reportada por el fabricante para la bureta de 5 mL ± 0.01 mL.

Considerando una distribución triangular $10^{-2}/ \sqrt{6} = 10^{-2}/ 2.45 = 4.08\ 10^{-3}$ = mL.

b. Temperatura.

Considerando que la temperatura del laboratorio tiene una variación de ± 4 ° C. (el coeficiente de expansión del volumen del agua es de $2.1 X 10^{-4}$) utilizando una distribución rectangular resulta una incertidumbre estándar de:

$[(0.195 X 4 X 2.1 X 10^{-4}) / \sqrt{3}] = (1.638X10^{-4}) / 1.73] = 9.457 X 10^{-5}$

Combinando estas contribuciones se obtiene:

$u_1 = \sqrt{[(4.08 X 10^{-3})^2 + (9.457 X 10^{-5})^2]} = \sqrt{[16.65 X 10^{-6} + 89.43 X 10^{-10}]}$

=

$\sqrt{[16.659 X 10^{-6}]} = 4.08 X 10^{-3}$

La incertidumbre estándar relativa será

$[u_1(x) /x] = (4.08 X 10^{-3})/ (0.195) = 2.09 X 10^{-2}$

III. Repetibilidad: [u (Rep)]

El método de validación muestra una repetibilidad para la determinación del 0.1 %,valor que puede ser utilizado directamente para él calculo de las incertidumbres estándar, combinadas.

Incertidumbre estándar u (x) = 0.001

Cálculo de las incertidumbres combinadas.

$$u_c [C_{Fe\,II}] = \sqrt{ [(u_{(A)} / v_{(A)})^2 + (u_{(V\,Fe\,II)} / V_{Fe\,II})^2 + u_{(Rep)}^2]}$$

$= \sqrt{[(4.19 X 10^{-4})/ (0.2)]^2 + (4.08 X 10^{-3}/ 0.195)^2 + (0.001)^2]}$

$= \sqrt{[(2.095 X 10^{-3})^2 + (2.092 X 10^{-2})^2 + (0.001)^2]}$

$= \sqrt{[(4.39 X 10^{-6}) + (437.6 X 10^{-6}) + (10^{-6})]}$

$= \sqrt{[442.99 X 10^{-6}]} = 21.05 X 10^{-3} = 0.021$

La incertidumbre extendida $U (x_{FeII})$ se calcula multiplicando las incertidumbres estándares combinadas por un factor de cobertura de 2

$U (x_{FeII}) = 0.021 X 2 = 0.042$

2. Para la valoración de 1 mL

I. Alícuota de Fe^{II}: [u (A)]

a. Calibración.

La tolerancia reportada para la pipeta volumétrica de 1 mL clase A es de 0.01 mL. Considerando una distribución triangular $[10^{-2}/ \sqrt{6}] = [10^{-2}/ 2.45] = 4.08 X 10^{-3}$ mL.

b. Temperatura.

Considerando que la temperatura del laboratorio tiene una variación de ± 4° C (el coeficiente de expansión del volumen del agua es de $2.1 X 10^{-4}$) utilizando una distribución rectangular resulta una incertidumbre estándar de: $[(1 X 4 X 2.1 X 10^{-4}) / \sqrt{3}] = [8.1 X 10^{-4}/ 1.73] = 4.68 X 10^{-3}$

Combinando estas contribuciones se obtiene la incertidumbre estándar:

$u_1(x) = \sqrt{[(4.08 X 10^{-3})^2 + (4.68 X 10^{-3})^2]} = \sqrt{[16.65 X 10^{-6} + 21.92 X 10^{-6}]} = \sqrt{[38.57 X 10^{-6}]} = 6.21 X 10^{-3}$

La incertidumbre estándar relativa será:

$[u_1(x) /x] = (6.21X 10^{-3})/ (1) = 6.21X 10^{-3}$

II. Volumen del titulante para la valoración de Fe^{II}: [u (V)]

a. Calibración.

La incertidumbre reportada por el fabricante para la bureta de 5 mL ± 0.01 mL.

Considerando una distribución triangular $10^{-2}/\sqrt{6} = 10^{-2}/2.45 = 4.08 \times 10^{-3}$ = mL.

b. Temperatura.

Considerando que la temperatura del laboratorio tiene una variación de ± 4 ° C. (el coeficiente de expansión del volumen del agua es de 2.1×10^{-4}) utilizando una distribución rectangular resulta una incertidumbre estándar de:

$[(1 \times 4 \times 2.1 \times 10^{-4}) / \sqrt{3}] = [8.1 \times 10^{-4}/ 1.73] = 4.68 \times 10^{-3}$

Combinando estas contribuciones se obtiene:

$u_1 = \sqrt{[(4.08 \times 10^{-3})^2 + (4.68 \times 10^{-3})^2]} = \sqrt{[16.65 \times 10^{-6} + 21.90 \times 10^{-6}]} = \sqrt{[38.55 \times 10^{-6}]} =$

6.21×10^{-3}

La incertidumbre estándar relativa será

$[u_1(x) /x] = (6.21 \times 10^{-3})/ 1 = 6.21 \times 10^{-3}$

III. Repetibilidad: [u (Rep)]

El método de validación muestra una repetibilidad para la determinación del 0.1%, valor que puede ser utilizado directamente para él calculo de las incertidumbres estándar, combinadas.

Incertidumbre estándar u (x) = 0.001

1. Cálculo de las incertidumbres combinadas.

$$u_c [C_{Fe\,II}] = \sqrt{[(u_{(A)} / v_{(A)})^2 + (u_{(V\,Fe\,II)} / V_{Fe\,II})^2 + u_{(Rep)}^2]}$$

$$= \sqrt{[(4.08 \times 10^{-3} / 1)^2 + (6.21 \times 10^{-3})/ 1)^2 + (0.001)^2]}$$

$$= \sqrt{[(4.08 \times 10^{-3})^2 + (6.21 \times 10^{-3})^2 + (0.001)^2]}$$

$$= \sqrt{[(4.08\ 10^{-6}) + (6.21 \times 10^{-6}) + (10^{-6})]}$$

$= \sqrt{[11.29 X 10^{-6}]} = 3.36 X 10^{-3} = 0.00336$

La incertidumbre extendida U (x $_{FeII}$) se calcula multiplicando las incertidumbres estándares combinadas por un factor de cobertura de 2

U (x $_{FeII}$) = 0.00336 X 2 = 0.00672

3. Para la valoración de 5 mL.

I. Alícuota de Fe ^{II}: [u (A)]

a. Calibración.

La tolerancia reportada para la pipeta volumétrica de 5 mL clase A es de 0.01 mL. Considerando una distribución triangular $[10^{-2}/ \sqrt{6}] = [10^{-2}/ 2.45] = 4.08 X 10^{-3}$ mL.

b. Temperatura.

Considerando que la temperatura del laboratorio tiene una variación de ± 4° C (el coeficiente de expansión del volumen del agua es de $2.1 X 10^{-4}$) utilizando una distribución rectangular resulta una incertidumbre estándar de: $[(5 X 4 X 2.1 X 10^{-4}) / \sqrt{3}] = [42 X 10^{-4}/ 1.73] = 2.43 X 10^{-3}$

Combinando estas contribuciones se obtiene la incertidumbre estándar:

$u_1(x) = \sqrt{[(4.08 X 10^{-3})^2 + (2.43 X 10^{-3})^2]} = \sqrt{[16.65 X 10^{-6} + 5.90 X 10^{-6}]}$

$= \sqrt{[22.55 X 10^{-6}]} = 4.75 X 10^{-3}$

La incertidumbre estándar relativa será:

$[u_1(x) /x] = (4.75 X 10^{-3})/ (5) = 9.86 X 10^{-4}$

II. Volumen del titulante para la valoración de Fe ^{II}: [u (V)]

a. Calibración.

La incertidumbre reportada por el fabricante para la bureta de 5 mL ± 0.01 mL.

Considerando una distribución triangular $10^{-2}/ \sqrt{6} = 10^{-2}/ 2.45 = 4.08 10^{-3}$ = mL.

b. Temperatura.

Considerando que la temperatura del laboratorio tiene una variación de ± 4 ° C. (el coeficiente de expansión del volumen del agua es de $2.1 X 10^{-4}$) utilizando una distribución rectangular resulta una incertidumbre estándar de:

$[(4.75 X 4 X 2.1 X 10^{-4}) / \sqrt{3}] = (3.99 X 10^{-3}) / 1.73] = 2.31 X 10^{-3}$

Combinando estas contribuciones se obtiene:

$u_1 = \sqrt{[(4.08 X 10^{-3})^2 + (2.31 X 10^{-3})^2]} = \sqrt{[16.65 X 10^{-6} + 5.32 X 10^{-6}]}$

$= \sqrt{[21.97 X 10^{-6}]} =$

$4.69 X 10^{-3}$

La incertidumbre estándar relativa será

$[u_1(x) /x] = (4.69 X 10^{-3})/ (4.75) = 10^{-3}$

III. Repetibilidad: [u (Rep)]

El método de validación muestra una repetibilidad para la determinación del 0.1 %,valor que puede ser utilizado directamente para él cálculo de las incertidumbres estándar, combinadas.

Incertidumbre estándar u (x) = 0.001

2. Cálculo de las incertidumbres combinadas.

$u_c [C_{Fe II}] = \sqrt{[(u_{(A)} / v_{(A)})^2 + (u_{(V Fe II)} / V_{Fe II})^2 + u_{(Rep)}^2]}$

$= \sqrt{[(4.75 X 10^{-3} / 5)^2 + (4.69 X 10^{-3} / 4.75)^2 + (0.001)^2]}$

$= \sqrt{[(0.95 X 10^{-3})^2 + (0.98 X 10^{-3})^2 + (0.001)^2]}$

$= \sqrt{[(0.9025X 10^{-6}) + (0.975 X 10^{-6}) + (10^{-6})]}$

$= \sqrt{[2.877 X 10^{-6}]} = 1.696 X 10^{-3} = 0.00169$

La incertidumbre extendida $U (x_{FeII})$ se calcula multiplicando las incertidumbres estándares combinadas por un factor de cobertura de 2 $U (x_{FeII}) = 0.00169 X 2 = 0.00339$

Cuadro XXI

Volumen de la alícuota por valorar (mL)	Incertidumbre calculada	Factor de igualdad
0.2	0.042	(0.042/0.0067) = 6.27
1	0.0067	(0.0067/0.0034) = 1.97
5	0.0034	(0.042/0.0034) = 12.35

Volumen valorado (macrovaloración, microvaloración y ultramicrovaloración), incertidumbre asociada y el factor para igualar incertidumbres.

Anexo 5.

CALCULO DEL COEFICIENTE DE VARIACIÓN (CV)

Coeficiente de Variación (CV)

Si se desea comparar la dispersión en dos conjuntos de datos (de familias diferentes, por ejemplo la dispersión de pesos de elefantes, contra la dispersión en peso de hormigas)

$CV = (s / X_{prom}) 100$

(para experimento con estudiantes)

CV = (s/ x prom) 100

Macrovaloración.

C.V = (0.0224/ 9.94) * 100 = 0.22

Microvaloración

Equipo B .

C.V = (0.011/ 1.01) * 100 = 1

Equipo C .

C.V = (0.012/ 1.01) * 100 = 1.18

Equipo D .

C.V = (0.011/ 1.00) * 100 = 1.1

Conclusión

En todos los casos, las microvaloraciones presentan una dispersión mayor que la macrovaloración.

Anexo 6.

Parámetros estadísticos utilizados en la tesis.

I. Media aritmética $(X_{prom}) = \sum (X_i) / n$

II. Desviación Estándar $s = \sqrt{\sum (X_i - X_{prom})^2 / (n-1)}$

n = número de datos

T de student.

1. "La distribución t de student, es una distribución de probabilidad, cuando el tamaño de la muestra es pequeño"

2. Surge al estimar la media de una población normalmente distribuida

3. Se realiza para determinar la diferencia entre dos medias muestrales

4. Para la construcción de un intervalo de confianza para dicha diferencia

III. Intervalo de confianza (para una sola serie de datos)

$\mu = X_{prom} \pm (t\, s / \sqrt{n})$

Comparación de medias.

Para dos conjuntos de datos se calcula t experimental:

$t\ experimental = [(X_{1\ prom} - X_{2\ prom}) / s]\ \sqrt{[(n_1 n_2) / (n_1 + n_2)]}$

Donde s combinada es:

$s = \sqrt{[\sum (X_i - X_{prom\ 1})^2 + \sum (X_i - X_{prom\ 2})^2] / (n_1+n_2-2)}$

El valor obtenido para t experimental debe compararse con el valor t de cuadros para (n_1+n_2-2) grados de libertad.

Si el valor de t calculado es mayor que le valor de t tabulado las dos series de datos son significativamente diferentes para el nivel de confianza considerado

CÁLCULOS DE INTERVALO DE CONFIANZA PARA LA CUADRO VIII

$\mu = X_{prom} \pm (t\, s / \sqrt{n})$

DATOS

EQUIPO A

X_{prom} = 9. 94
s = 0.0224
$\sqrt{n} = \sqrt{5} = 2.236$
t =2.776
μ = 9. 94 ± [(2.776)(0.0224)/ (2.236)] = 9.94 ± 0.0278

EQUIPO B

X_{prom} = 1.01
s = 0.0082
$\sqrt{n} = \sqrt{5} = 2.236$
t =2.776
μ = 1.01 ± [(2.776)(0.0082)/ (2.236)] = 1.01 ± 0.0102

EQUIPO C

X_{prom} = 1.01
s = 0.011
$\sqrt{n} = \sqrt{5} = 2.236$
t =2.776
μ = 1.01 ± [(2.776)(0.011)/ (2.236)] = 1.01 ± 0.0136

EQUIPO D

X_{prom} = 1.00
s = 0.011
$\sqrt{n} = \sqrt{5} = 2.236$
t =2.776
μ = 1.00 ± [(2.776)(0.011)/ (2.236)] = 1.00 ± 0.0136

Comparación de medias.

Macrovaloración (10 mL) VS microvaloración (1 mL)

Para dos conjuntos de datos se calcula t experimental:

$$t\ experimental = [(X_{1\ prom} - X_{2\ prom}) / s]\ \sqrt{[(n_1 n_2) / (n_1 + n_2)]}$$

Donde s combinada es :

$$s = \sqrt{[\sum (X_i - X_{prom\ 1})^2 + \sum (X_i - X_{prom\ 2})^2] / (n_1+n_2-2)}$$

El valor obtenido para t experimental debe compararse con el valor t de cuadros para (n_1+n_2-2) grados de libertad.

Si el valor de t calculado es mayor que le valor de t tabulado las dos series de datos son significativamente diferentes para el nivel de confianza considerado

CUADRO VIII

A VS B

t experimental $= [(X_{1\ prom} - X_{2\ prom}) / s] \sqrt{[(n_1n_2) / (n_1 + n_2)]}$

$X_{1\ prom} = 0.994$
$X_{2\ prom} = 1.01$
s = [(0.0224 +0.0082) / 2] = 0.0153
$n_1 = 5$
$n_2 = 5$

t experimental $= [(0.994 - 1.01) / 0.0153] \sqrt{[(25) / (10)]} =$
=1.04 * 1.58 = 1.64

t cuadros (8 grados de libertad y 95 % de confianza) = 2.306.

Así que: t experimental ‹ t cuadros.

Por lo tanto A = B

A VS C

t experimental $= [(X_{1\ prom} - X_{2\ prom}) / s] \sqrt{[(n_1n_2) / (n_1 + n_2)]}$

$X_{1\ prom} = 0.994$
$X_{2\ prom} = 1.01$
s = [(0.0224 +0.011) / 2] = 0.0167
$n_1 - 5$
$n_2 = 5$

t experimental $= [(0.994 - 1.01) / 0.0167] \sqrt{[(25) / (10)]} =$
= 0.96 * 1.58 = 1.51

t cuadros (8 grados de libertad y 95 % de confianza) = 2.306.

Así que: t experimental ‹ t cuadros

Por lo tanto A = C

A VS D

t experimental = $[(X_{1\ prom} - X_{2\ prom}) / s] \sqrt{[(n_1 n_2) / (n_1 + n_2)]}$

$X_{1\ prom} = 0.994$
$X_{2\ prom} = 1.00$
s = [(0.0224 +0.011) / 2] = 0.0167
$n_1 = 5$
$n_2 = 5$

t experimental = $[(0.994 - 1.00) / 0.0167] \sqrt{[(25) / (10)]} =$
=0.36 * 1.58 = 0.57

t cuadros (8 grados de libertad y 95 % de confianza) = 2.306.

Así que: t experimental ‹ t cuadros

Por lo tanto A = D

FIGURA XXII Estudio del tiempo de estabilidad de la lectura del potencial de la valoración potenciometrica de yoduro de potasio 0.0097 M con nitrato de plata 0.099 M como una función del tamaño de la barra de agitación.

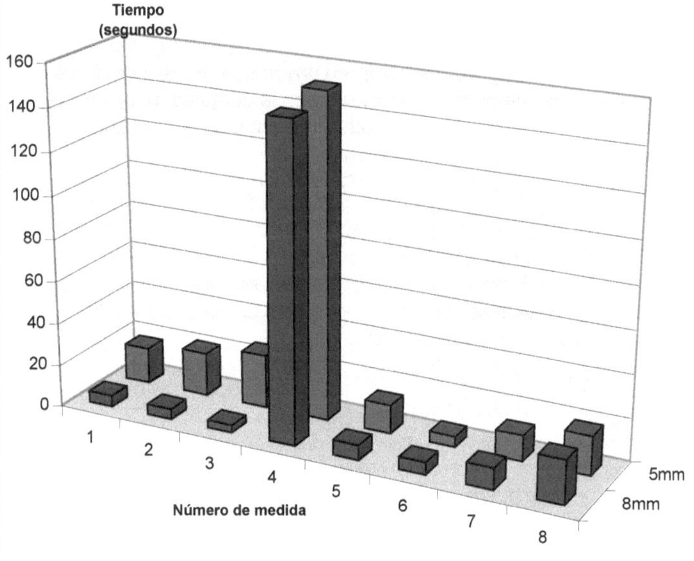

Anexo 8

Química verde
Los 12 principios de la Química Verde, se han aplicado en el desarrollo de una amplia gama de productos y procesos cuyo objetivo ha sido minimizar los riesgos a la salud y al medio ambiente, reducir la generación de desechos y a prevenir la contaminación y estos son:

1. Prevención
Es preferible evitar la producción de un residuo que reciclarlo, tratarlo o disponer de él una vez que se haya formado.
2. Economía atómica.
Los métodos de síntesis deberán diseñarse de manera que se incorporen al máximo los reactivos en el producto final, minimizando la formación de subproductos, lo que favorece también al principio 1
3. Uso de metodologías que generen productos de toxicidad reducida.
Siempre que sea posible, los métodos de síntesis deberán diseñarse para utilizar y generar sustancias que tengan poca o ninguna toxicidad, tanto para el hombre como para el medio ambiente.
4. Generar productos eficaces pero no tóxicos.
Los productos químicos deberán ser diseñados de manera que mantengan la eficacia a la vez que reduzcan su toxicidad
5. Reducir el uso de sustancias auxiliares.
Se evitará, en lo posible, el uso de sustancias que no sean imprescindibles, y en el caso de que se utilicen, que sean lo mas inocuo posible
6. Disminuir el consumo energético
Los requerimientos energéticos serán catalogados por su impacto medioambiental y económico, reduciéndose todo lo posible.
7. Utilización de materias primas renovables
Las materias primas han de ser preferiblemente renovables en vez de agotables, siempre que sean metodologica y económicamente viables.
8. Evitar derivatización innecesaria
Se evitará en lo posible la formación de derivados.
9. Potenciación de la catálisis.
Se emplearán catalizadores (los más selectivos), reutilizables en lo posible, en lugar de reactivos estequiométricos.
10. Generar productos biodegradables.
Los productos químicos se diseñaran de tal manera, que al finalizar su función no persistan en el medio ambiente sino que se transformen en productos de degradación innocuos.
11. Desarrollar analíticas para la monitorización en tiempo real.
Las metodologías analíticas serán desarrolladas para permitir el monitoreo y control en tiempo real de los procesos, previo a la formación de productos secundarios.
12. Minimizar el potencial de accidentes químicos.

Se elegirán las sustancias empleadas en los procesos químicos de forma que se minimice el riesgo de accidentes químicos.

Doria S, M de C.
"Química verde: un nuevo enfoque para el cuidado del medio ambiente"
Rev. De
Edu. Quím.
Octubre (2009), Vol. 20, No 4 p 412-420

ANEXO 9

Cuadro XXII

MÉTODO	LÍMITE DE DETECCIÓN	INCERTIDUMBRE
ULTRAVIOLETA-VISIBLE	0.21 µg/mL	0.0086
ABSORCIÓN ATÓMICA	5 µg/mL	0.015
CROMATOGRAFÍA DE LÍQUIDOS	1 µg/mL	0.0005
CROMATOGRAFÍA DE GASES	0.04 µg/mL	0.005
MICROPOTENCIOMETRÍA	780 µg/mL	0.0039

Comparativo entre límite de detección e incertidumbre para cada método instrumental*

* http://www.simet.gob.mx/Guas%20tecnicas/Forms/lista%20de %20 temas.aspx. Consultada por última vez el 24 de septiembre del 2011

Anexo 10

Figura XXIII esquema de los electrodos elaborados

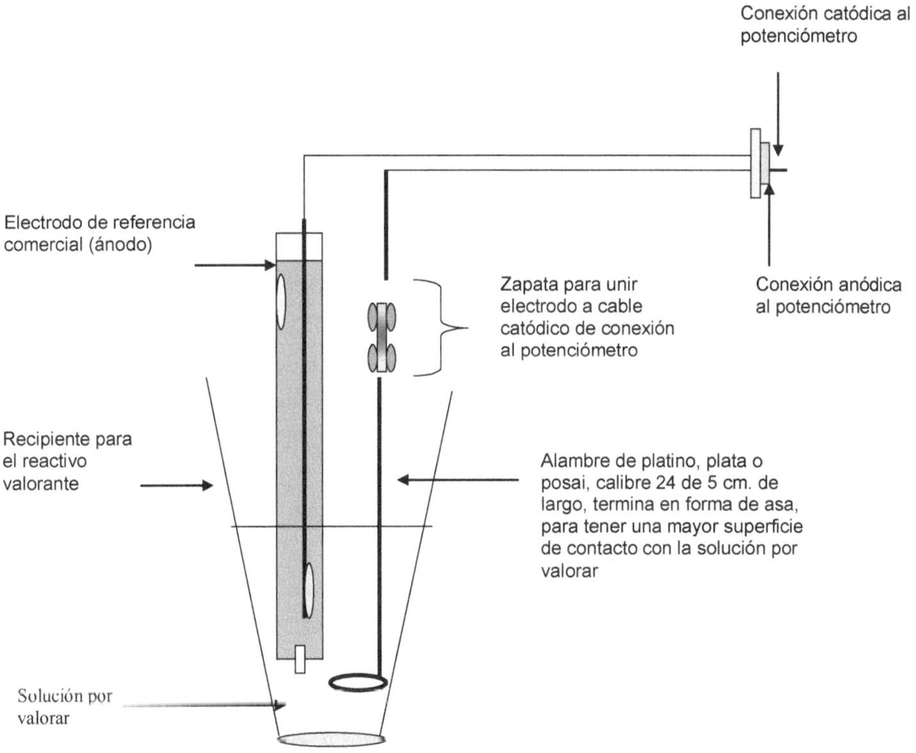